Rabenwerkstatt 3

Mein Förderheft

Ernst Klett Verlag
Stuttgart · Leipzig · Dortmund

1

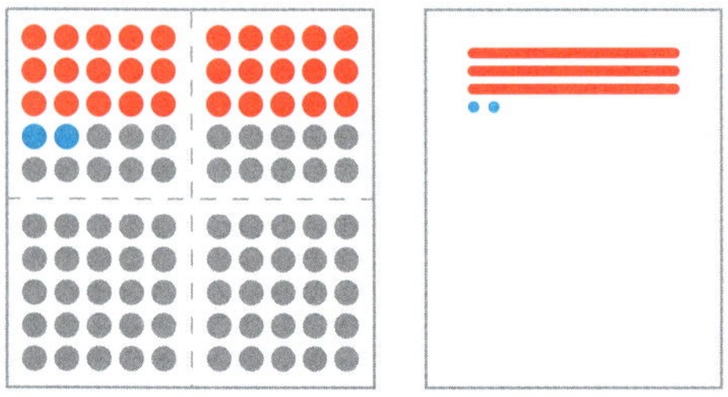

30 + 2 = 32

3Z + 2E

Z	E
3	2

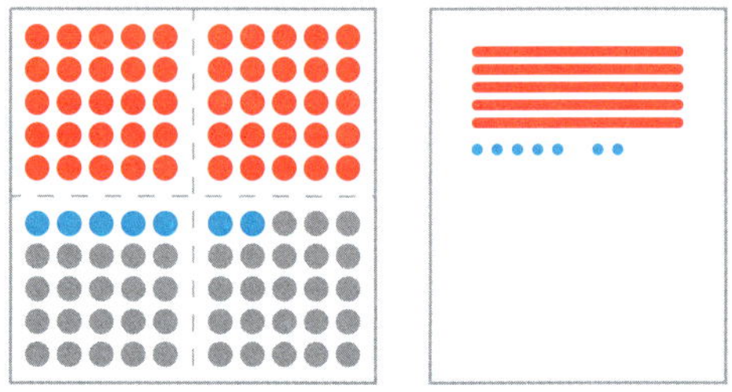

___ + ___ = ___

___ + ___

Z	E

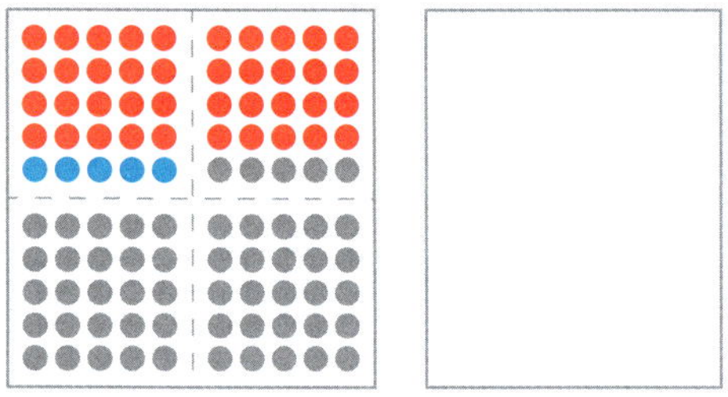

___ + ___ = ___

___ + ___

Z	E

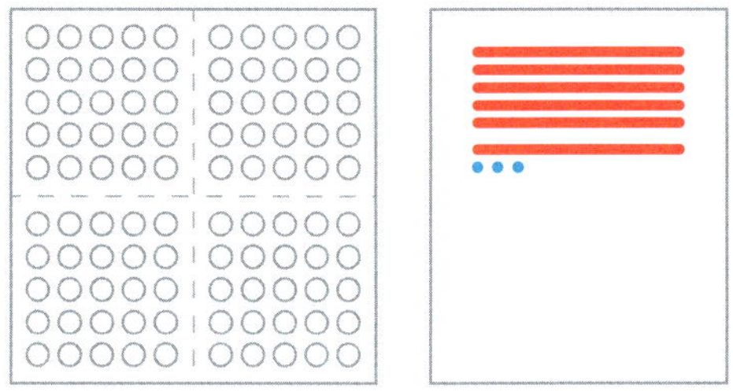

___ + ___ = ___

___ + ___

Z	E

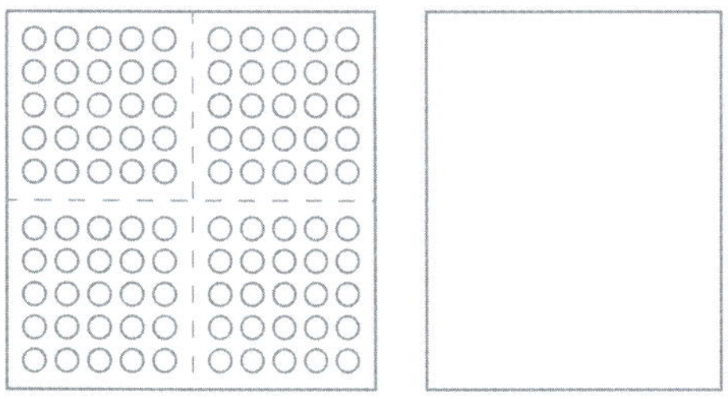

20 + 8 = ___

___ + ___

Z	E

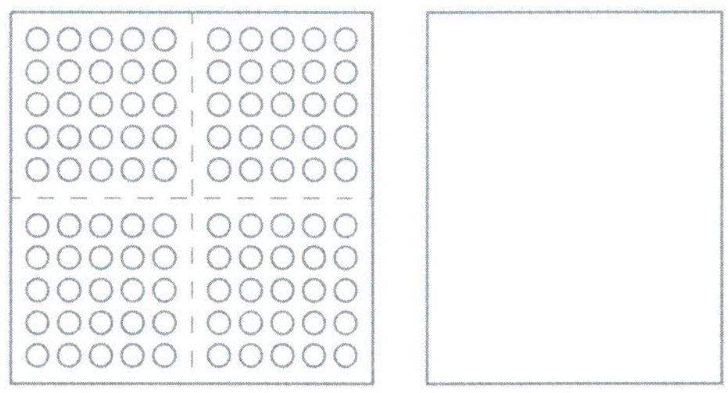

___ + ___ = ___

___ + ___

Z	E
7	9

2

20 + 6 = 26
30 + 1 = ___
80 + 5 = ___

40 + 4 = ___
70 + 7 = ___
90 + 9 = ___

10 + ___ = 13
50 + ___ = 58
40 + ___ = 47

___ + 5 = 35
___ + 2 = 82
___ + 6 = 66

50 + 3 = ___
60 + 2 = ___
70 + 8 = ___

80 + 8 = ___
30 + 3 = ___
50 + 6 = ___

70 + ___ = 74
90 + ___ = 97
80 + ___ = 81

___ + 9 = 29
___ + 5 = 55
___ + 3 = 43

1 Trage die fehlenden Zahlen ein.

21	22	23	24			27		29	
31		33		35					40
	42				46		48		
			54			57			60

66	67	68	
	77		79
		88	
96	97		

2 Ordne zu.

6 18 34 51 65 72 89 92

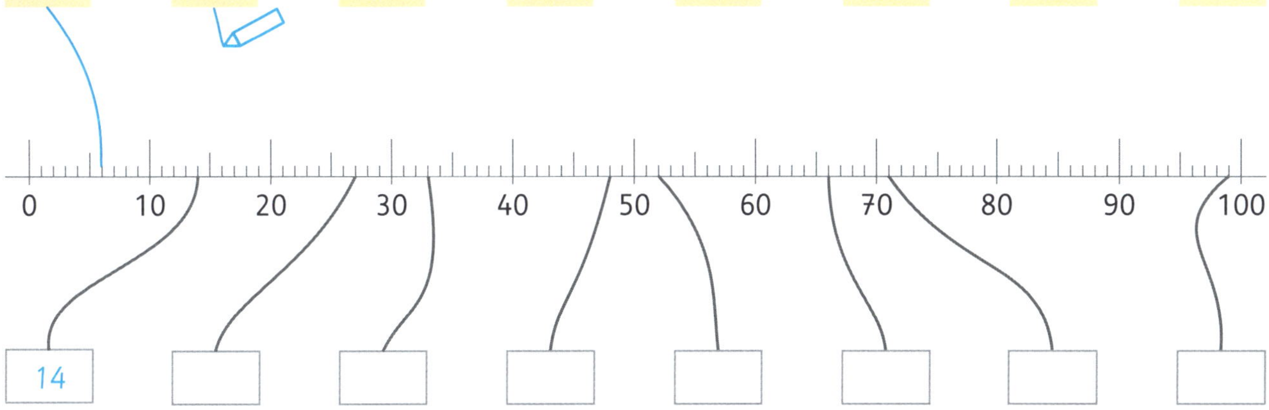

14							

3 Setze <, > oder = ein.

27 < 29　　53 ◯ 15　　45 ◯ 9　　71 ◯ 17　　87 ◯ 78

25 ◯ 21　　69 ◯ 42　　8 ◯ 32　　34 ◯ 43　　49 ◯ 94

24 ◯ 28　　37 ◯ 37　　74 ◯ 4　　98 ◯ 89　　56 ◯ 65

36 ◯ 36　　80 ◯ 81　　6 ◯ 66　　63 ◯ 36　　33 ◯ 33

35 ◯ 32　　76 ◯ 54　　8 ◯ 53　　45 ◯ 54　　29 ◯ 92

39 ◯ 38　　29 ◯ 63　　92 ◯ 17　　52 ◯ 25　　73 ◯ 37

4

V	Z	N
25	26	27
	36	
	56	
	76	
	96	

V	Z	N
	45	
	81	
	97	
	63	
	48	

V	Z	N
	30	
	60	
	70	
	50	
	80	

V	Z	N
39		
		51
88		
		100
69		

Addieren bis 100 ohne Zehnerübergang

1 a)

25 + 3 = ___	53 + 5 = ___	18 + 1 = ___	36 + 2 = ___
31 + 4 = ___	64 + 2 = ___	40 + 9 = ___	21 + 5 = ___
12 + 6 = ___	92 + 7 = ___	73 + 4 = ___	45 + 4 = ___
47 + 2 = ___	81 + 8 = ___	59 + 0 = ___	62 + 6 = ___

b)

17 + 3 = ___	43 + 7 = ___	16 + 4 = ___	84 + 6 = ___
28 + 2 = ___	95 + 5 = ___	37 + 3 = ___	75 + 5 = ___
56 + 4 = ___	72 + 8 = ___	29 + 1 = ___	91 + 9 = ___
34 + 6 = ___	61 + 9 = ___	42 + 8 = ___	33 + 7 = ___

2

+	30	10	20
24	54		
46			
51			

+	40	20	60
35			
27			
16			

+	70	50	80
13			
19			
5			

3 Schreibe deine Rechnung auf.

32 + 15

3 2 + 1 5 =

51 + 26

74 + 23

4 a)

14 + 10 = ___	22 + 30 = ___	41 + 50 = ___	63 + 20 = ___
14 + 11 = ___	22 + 31 = ___	41 + 51 = ___	63 + 21 = ___
14 + 12 = ___	22 + 32 = ___	41 + 52 = ___	63 + 22 = ___
14 + 13 = ___	22 + 33 = ___	41 + 53 = ___	63 + 23 = ___

b)

38 + 11 = ___	44 + 24 = ___	15 + 84 = ___	31 + 57 = ___
55 + 11 = ___	62 + 24 = ___	48 + 51 = ___	50 + 43 = ___
76 + 11 = ___	71 + 24 = ___	82 + 17 = ___	65 + 14 = ___
83 + 11 = ___	35 + 24 = ___	54 + 45 = ___	70 + 28 = ___

Subtrahieren bis 100 ohne Zehnerübergang

1 a)

19 − 2 = ___	67 − 6 = ___	45 − 1 = ___	35 − 5 = ___
24 − 1 = ___	85 − 4 = ___	73 − 2 = ___	96 − 6 = ___
46 − 3 = ___	99 − 8 = ___	37 − 0 = ___	69 − 9 = ___
38 − 5 = ___	78 − 7 = ___	59 − 8 = ___	87 − 7 = ___

b)

20 − 3 = ___	60 − 2 = ___	20 − 5 = ___	100 − 1 = ___
30 − 1 = ___	80 − 4 = ___	40 − 7 = ___	90 − 6 = ___
50 − 6 = ___	90 − 8 = ___	30 − 9 = ___	100 − 4 = ___
40 − 5 = ___	70 − 7 = ___	50 − 3 = ___	80 − 9 = ___

2

−	30	10	20
57	27		
49			
65			

−	40	20	50
73			
65			
87			

−	70	60	80
98			
82			
92			

3 Schreibe deine Rechnung auf.

48 − 32

4 8 − 3 2 =

75 − 43

89 − 53

4 a)

27 − 10 = ___	54 − 30 = ___	68 − 40 = ___	95 − 20 = ___
27 − 11 = ___	54 − 31 = ___	68 − 41 = ___	95 − 21 = ___
27 − 12 = ___	54 − 32 = ___	68 − 42 = ___	95 − 22 = ___
27 − 13 = ___	54 − 33 = ___	68 − 43 = ___	95 − 23 = ___

b)

26 − 14 = ___	47 − 25 = ___	99 − 87 = ___	86 − 46 = ___
39 − 14 = ___	55 − 25 = ___	66 − 54 = ___	77 − 72 = ___
88 − 14 = ___	76 − 25 = ___	58 − 21 = ___	93 − 53 = ___
97 − 14 = ___	89 − 25 = ___	79 − 33 = ___	28 − 17 = ___

Addieren bis 100 mit Zehnerübergang

1 Schreibe deine Rechnung auf.

28 + 5 | 57 + 6 | 46 + 9

2 8 + 5 =

2 a)

6 + 5 = ____ 7 + 8 = ____ 9 + 4 = ____ 8 + 6 = ____
16 + 5 = ____ 27 + 8 = ____ 19 + 4 = ____ 18 + 6 = ____
36 + 5 = ____ 47 + 8 = ____ 39 + 4 = ____ 68 + 6 = ____

b)

38 + 3 = ____ 69 + 2 = ____ 35 + 7 = ____ 26 + 7 = ____
38 + 5 = ____ 69 + 7 = ____ 67 + 4 = ____ 49 + 3 = ____
38 + 8 = ____ 69 + 4 = ____ 55 + 9 = ____ 78 + 5 = ____

3 Schreibe deine Rechnung auf.

28 + 15 | 57 + 26 | 46 + 39

2 8 + 1 5 =

4 a)

17 + 13 = ____ 34 + 26 = ____ 29 + 41 = ____ 45 + 35 = ____
17 + 14 = ____ 34 + 27 = ____ 29 + 42 = ____ 45 + 36 = ____
17 + 15 = ____ 34 + 28 = ____ 29 + 43 = ____ 45 + 37 = ____

b)

28 + 54 = ____ 59 + 25 = ____ 76 + 16 = ____ 64 + 19 = ____
37 + 54 = ____ 66 + 25 = ____ 25 + 48 = ____ 33 + 48 = ____
19 + 54 = ____ 48 + 25 = ____ 13 + 79 = ____ 58 + 25 = ____

Subtrahieren bis 100 mit Zehnerübergang

1 Schreibe deine Rechnung auf.

32 − 7 | 54 − 6 | 83 − 9

3 2 − 7 =

2 a)

14 − 7 = ___	13 − 5 = ___	12 − 8 = ___	15 − 9 = ___
24 − 7 = ___	33 − 5 = ___	22 − 8 = ___	35 − 9 = ___
44 − 7 = ___	53 − 5 = ___	42 − 8 = ___	65 − 9 = ___

b)

31 − 4 = ___	86 − 7 = ___	43 − 6 = ___	81 − 2 = ___
31 − 6 = ___	86 − 8 = ___	94 − 5 = ___	63 − 8 = ___
31 − 9 = ___	86 − 9 = ___	72 − 7 = ___	98 − 9 = ___

3 Schreibe deine Rechnung auf.

32 − 17 | 54 − 26 | 83 − 39

3 2 − 1 7 =

4 a)

23 − 13 = ___	41 − 31 = ___	75 − 45 = ___	97 − 57 = ___
23 − 14 = ___	41 − 32 = ___	75 − 46 = ___	97 − 58 = ___
23 − 15 = ___	41 − 33 = ___	75 − 47 = ___	97 − 59 = ___

b)

52 − 28 = ___	92 − 49 = ___	34 − 25 = ___	48 − 29 = ___
71 − 28 = ___	85 − 49 = ___	51 − 36 = ___	91 − 73 = ___
84 − 28 = ___	66 − 49 = ___	93 − 67 = ___	74 − 16 = ___

Zahlenmauern

1

	12		3	9	4
			4	9	5
			5	9	6
			6	9	7
			8	10	13
			8	10	14
			8	10	15
			8	10	16
			14	30	9
			15	30	8

			16	30	7
			60	17	6
			50	17	16
			40	17	26
			30	17	36

2

100	80	20	70		
100	70		50		
100	60		30		
100	50		10		
20		7			5

20		8			5
20		9			5
89	42			10	
88	43			10	
87		44		10	
86		45		10	
98		48		18	
96		50		18	
94	42			18	
92	38			18	

1

27 + 40 = 67
40 + ___ = ___
67 − 40 = ___
67 − 27 = ___

44 + 5 = ___
___ + ___ = ___
49 − 5 = ___
___ − ___ = ___

___ + ___ = ___
___ + ___ = ___
___ − ___ = ___
___ − ___ = ___

2 a)

72
52 20

52 + 20 = ___
20 + ___ = ___
72 − 20 = ___
___ − 52 = ___

78
30 48

30 + 48 = ___
___ + ___ = ___
___ − ___ = ___
___ − ___ = ___

66
16 50

16 + ___ = ___
___ + ___ = ___
___ − ___ = ___
___ − ___ = ___

b)

54
52 2

52 + 2 = ___
2 + ___ = ___
___ − ___ = ___
___ − ___ = ___

40
6 34

___ + ___ = ___
___ + ___ = ___
___ − ___ = ___
___ − ___ = ___

99
8 91

___ + ___ = ___
___ + ___ = ___
___ − ___ = ___
___ − ___ = ___

c)

89
63 26

___ + ___ = ___
___ + ___ = ___
___ − ___ = ___
___ − ___ = ___

76
52 24

___ + ___ = ___
___ + ___ = ___
___ − ___ = ___
___ − ___ = ___

95
42 53

___ + ___ = ___
___ + ___ = ___
___ − ___ = ___
___ − ___ = ___

Aufgabenrollen

○ **1** Trage passend ein.

wird immer um ____ kleiner. | wird immer um ____ größer. | bleibt immer gleich.

a)

67 + 10 = ____
57 + 20 = ____
47 + 30 = ____
37 + 40 = ____
____ + ____ = ____
____ + ____ = ____

Die erste Zahl wird immer um ____________________ .

Die zweite Zahl wird immer um ____________________ .

Das Ergebnis ____________________ .

b)

15 + 5 = ____
20 + 10 = ____
25 + 15 = ____
30 + 20 = ____
____ + ____ = ____
____ + ____ = ____

Die erste Zahl ____________________ .

Die zweite Zahl ____________________ .

Das Ergebnis ____________________ .

c)

93 – 13 = ____
93 – 23 = ____
93 – 33 = ____
93 – 43 = ____
____ – ____ = ____
____ – ____ = ____

Die erste Zahl ____________________ .

Die zweite Zahl ____________________ .

Das Ergebnis ____________________ .

d)

75 – 12 = ____
78 – 15 = ____
81 – 18 = ____
84 – 21 = ____
____ – ____ = ____
____ – ____ = ____

Die erste Zahl ____________________ .

Die zweite Zahl ____________________ .

Das Ergebnis ____________________ .

1 Schreibe passende Plus- und Malaufgaben.

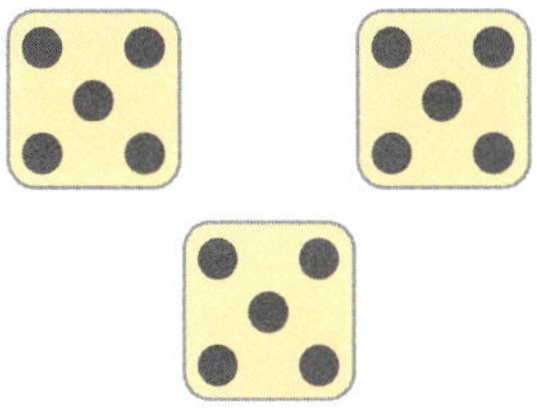

5 + 5 + __ = ____

3 · __ = ____

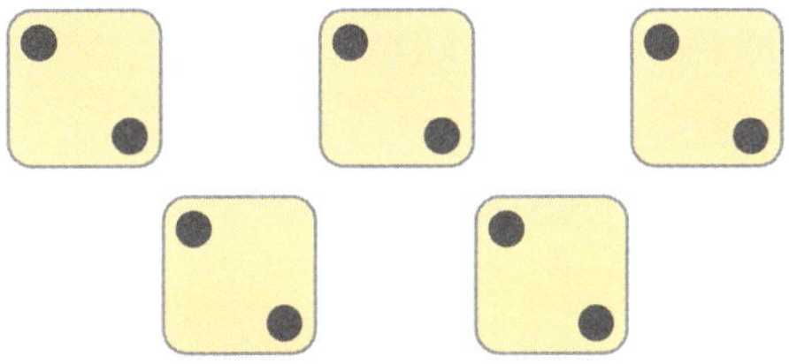

__ + __ + __ + __ + __ = ____

__ · __ = ____

__ + __ = ____

__ · __ = ____

2 Schreibe zu jeder Malaufgabe eine Plusaufgabe. Zeichne ein Punktebild.

2 · 7 = ____

7 + ____

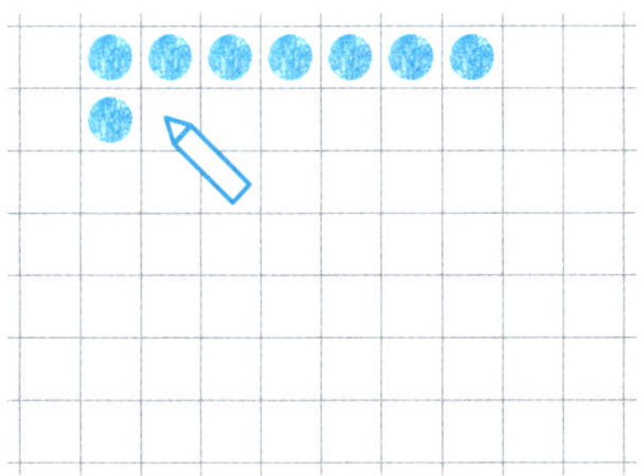

4 · 5 = ____

____

7 · 8 = ____

____

3 Schreibe immer 2 Malaufgaben und rechne.

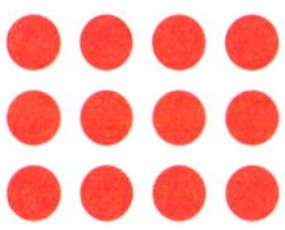

3 · 4 = ____

4 · 3 = ____

__ · __ = __

__ · __ = __

__ · __ = ____

__ · __ = ____

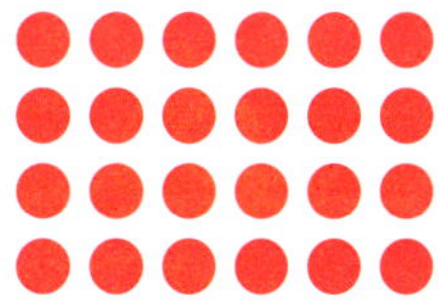

__ · __ = ____

__ · __ = ____

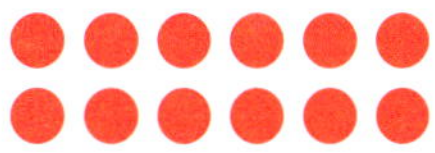

__ · __ = ____

__ · __ = ____

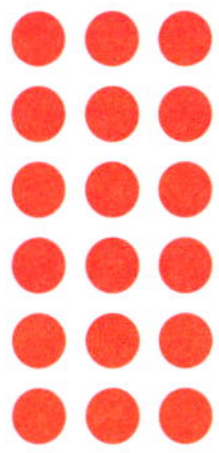

__ · __ = ____

__ · __ = ____

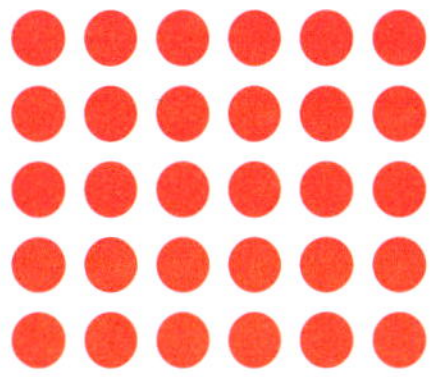

__ · __ = ____

__ · __ = ____

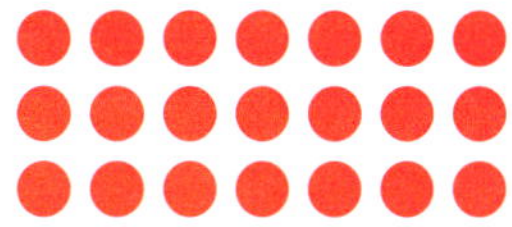

__ · __ = ____

__ · __ = ____

Multiplizieren

1 a)

3 · 1 = __ 1 · 9 = __
5 · 1 = __ 1 · 6 = __
8 · 1 = __ 1 · 4 = __

7 · 1 = __ 1 · 10 = __
2 · 1 = __ 1 · 1 = __
9 · 1 = __ 1 · 8 = __

b)

2 · 0 = __ 0 · 7 = __
4 · 0 = __ 0 · 9 = __
3 · 0 = __ 0 · 10 = __

1 · 0 = __ 0 · 0 = __
6 · 0 = __ 0 · 8 = __
5 · 0 = __ 0 · 3 = __

2 Rechne die Kernaufgaben.

·	2	4	5
1			
2			
5			
10			

·	3	6	9
1			
2			
5			
10			

·	8	7	10
1			
2			
5			
10			

3 Zähle in Fünferschritten.

vorwärts: 0 5 10 __ __ __ __ __ __ __ __

rückwärts: 50 45 40 __ __ __ __ __ __ __ __

4 Setze aus Kernaufgaben zusammen.

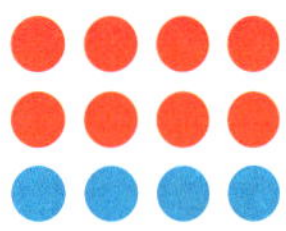

2 · 4 = 8
1 · 4 = 4
3 · 4 = 12

5 · 6 =
1 · 6 =
6 · 6 =

2 · 7 =
1 · 7 =
3 · 7 =

2 · 6 =
1 · 6 =
3 · 6 =

5 · 4 =
1 · 4 =
6 · 4 =

5 · 7 =
1 · 7 =
6 · 7 =

2 · 8 =
1 · 8 =
3 · 8 =

2 · 9 =
1 · 9 =
3 · 9 =

5 · 8 =
1 · 8 =
6 · 8 =

5 · 9 =
1 · 9 =
6 · 9 =

1 Setze aus Kernaufgaben zusammen.

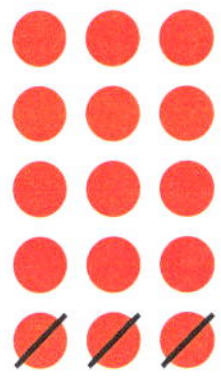

5 · 3 = 15
1 · 3 = 3
---
4 · 3 = 12

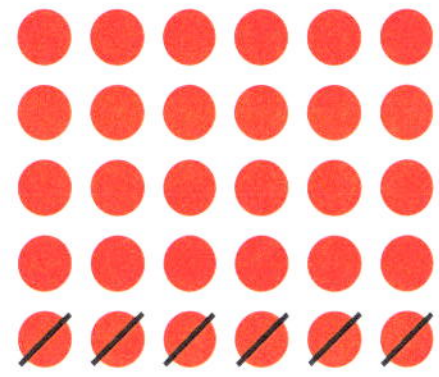

5 · 6 =
1 · 6 =
---
4 · 6 =

5 · 4 =
1 · 4 =
---
4 · 4 =

5 · 2 =
1 · 2 =
---
4 · 2 =

5 · 8 =
1 · 8 =
---
4 · 8 =

5 · 7 =
1 · 7 =
---
4 · 7 =

5 · 9 =
1 · 9 =
---
4 · 9 =

10 · 6 =
1 · 6 =
---
9 · 6 =

10 · 7 =
1 · 7 =
---
9 · 7 =

10 · 8 =
1 · 8 =
---
9 · 8 =

2

4 · 4 = ___	4 · 3 = ___	3 · 4 = ___	4 · 6 = ___
6 · 6 = ___	6 · 3 = ___	7 · 4 = ___	3 · 6 = ___
8 · 8 = ___	9 · 3 = ___	6 · 4 = ___	8 · 6 = ___
7 · 7 = ___	7 · 3 = ___	9 · 4 = ___	7 · 6 = ___
9 · 9 = ___	8 · 3 = ___	8 · 4 = ___	9 · 6 = ___
5 · 5 = ___	3 · 3 = ___	4 · 4 = ___	6 · 6 = ___

3 a) Zähle in Siebenerschritten.

vorwärts: 0 7 14 ___ ___ ___ ___ ___ ___ ___ ___

rückwärts: 70 63 56 ___ ___ ___ ___ ___ ___ ___ ___

b) Zähle in Achterschritten.

vorwärts: 0 8 ___ ___ ___ ___ ___ ___ ___ ___ ___

rückwärts: 80 72 ___ ___ ___ ___ ___ ___ ___ ___ ___

c) Zähle in Neunerschritten.

vorwärts: 0 9 ___ ___ ___ ___ ___ ___ ___ ___ ___

rückwärts: 90 81 ___ ___ ___ ___ ___ ___ ___ ___ ___

Dividieren

○ **1**

12 : 2 = 6

14 : 2 = ___

_____ : 3 = ___

_____ : 3 = ___

○ **2**

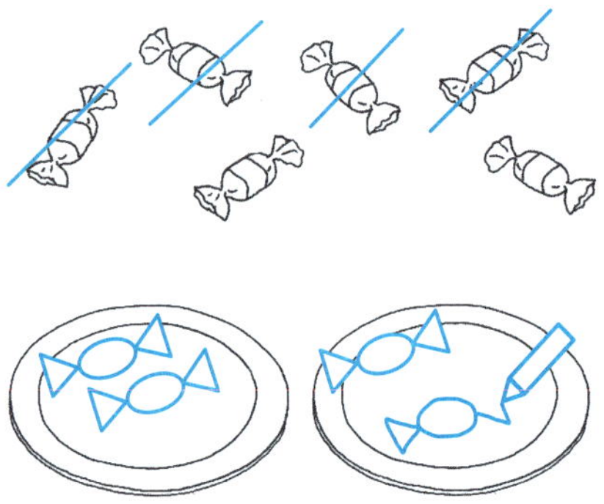

6 : 2 = ___

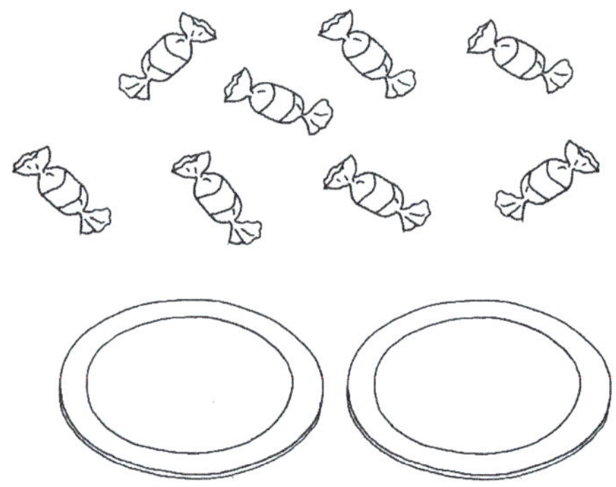

___ : 2 = ___

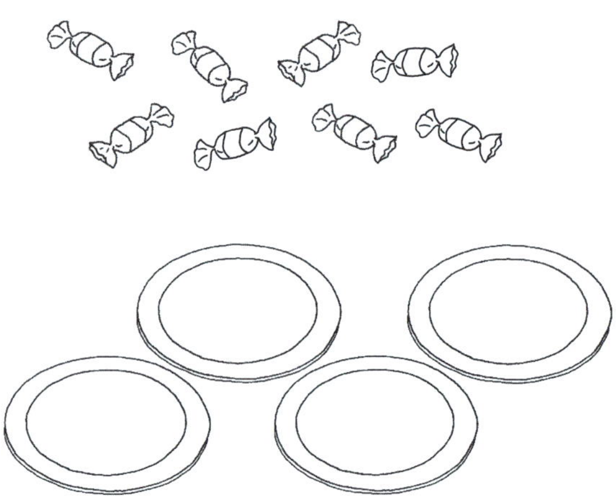

___ : 4 = ___

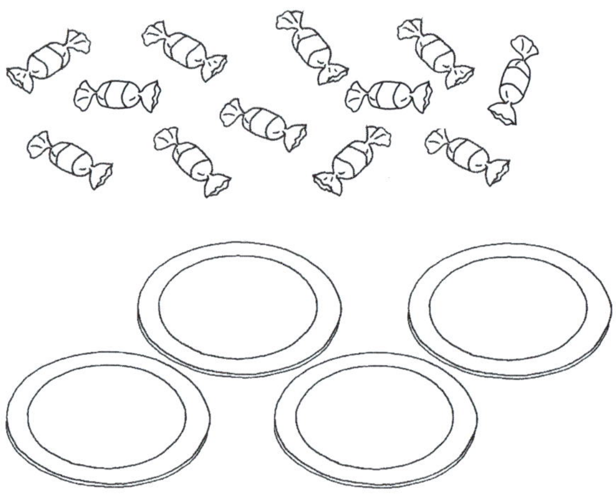

_____ : 4 = ___

1

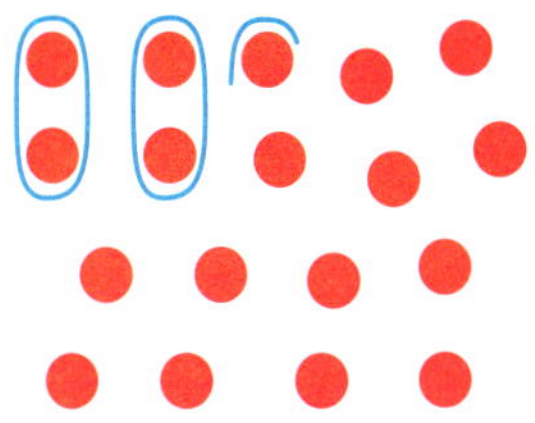

18 : 2 = __

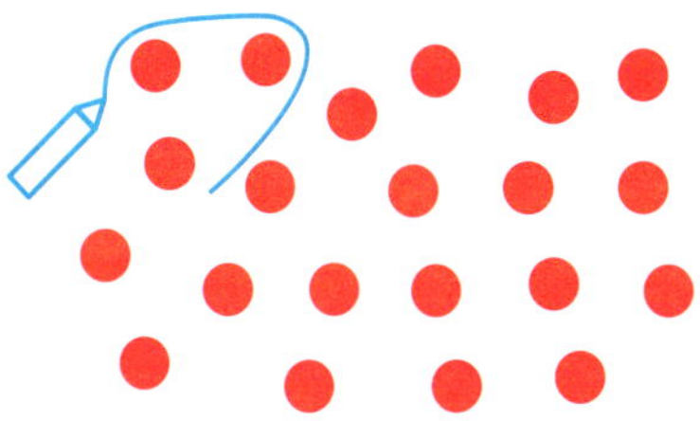

____ : 3 = __

____ : 4 = __

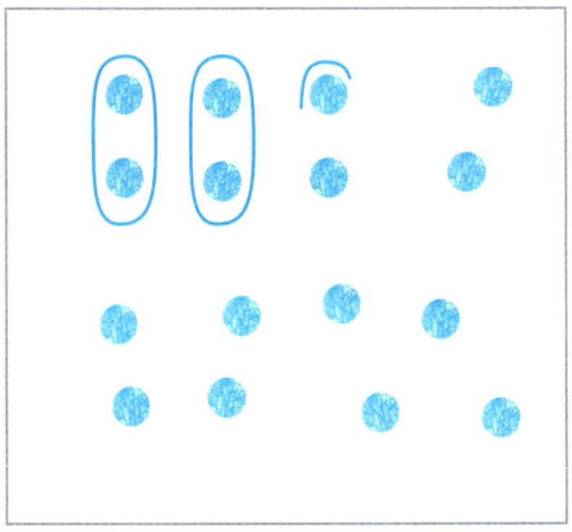

16 : 2 = __

24 : 3 = __

28 : 4 = __

2

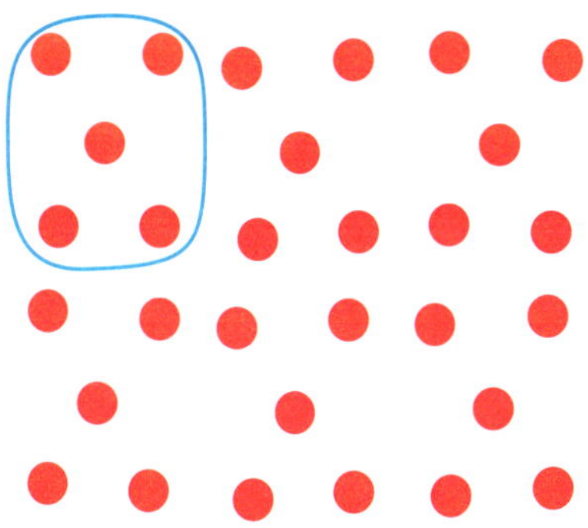

30 : 5 = __

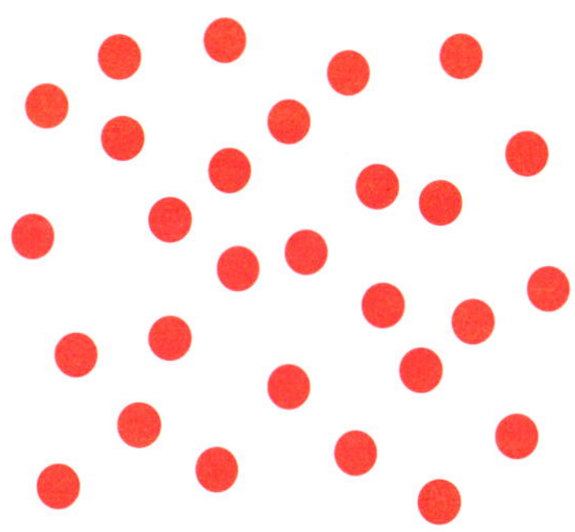

____ : 4 = __

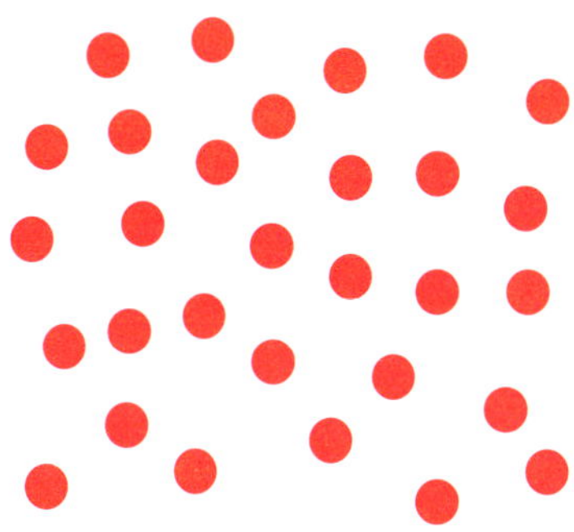

____ : 6 = __

24 : 8 = __

28 : 7 = __

27 : 9 = __

1 Rechne auch die Umkehraufgabe.

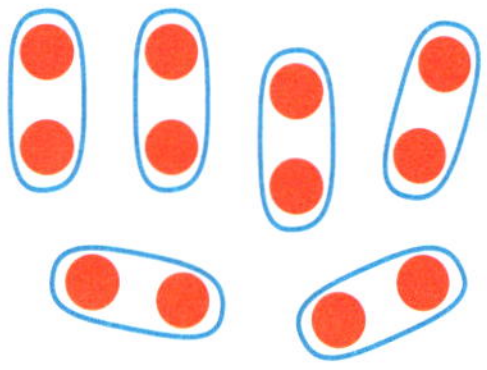 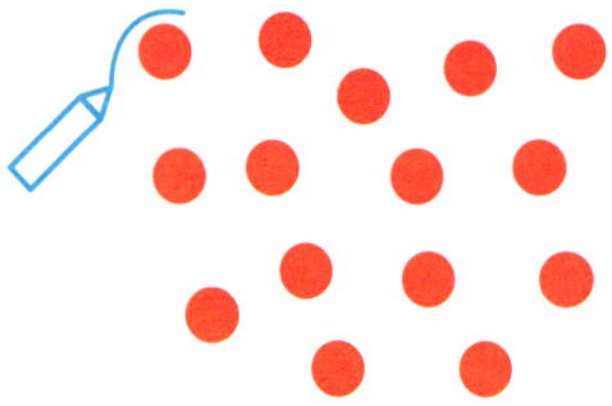 

12 : 2 = 6	15 : 3 = ___	16 : 4 = ___
6 · 2 = 12	___ · ___ = ___	___ · ___ = ___
14 : 7 = ___	15 : 5 = ___	18 : 6 = ___
___ · ___ = ___	___ · ___ = ___	___ · ___ = ___

2

4 = 2 · 2	15 = ___ · 5	30 = ___ · 10	16 = ___ · 4
8 = ___ · 2	30 = ___ · 5	70 = ___ · 10	36 = ___ · 6
6 = ___ · 2	40 = ___ · 5	10 = ___ · 10	64 = ___ · 8
14 = ___ · 2	35 = ___ · 5	90 = ___ · 10	49 = ___ · 7
16 = ___ · 2	45 = ___ · 5	60 = ___ · 10	81 = ___ · 9

3 a)

2 : 1 = ___	4 : 2 = ___	5 : 5 = ___	20 : 10 = ___
3 : 1 = ___	8 : 2 = ___	15 : 5 = ___	50 : 10 = ___
6 : 1 = ___	12 : 2 = ___	20 : 5 = ___	90 : 10 = ___
8 : 1 = ___	14 : 2 = ___	25 : 5 = ___	100 : 10 = ___

b)

10 : 1 = ___	4 : 1 = ___	7 : 1 = ___	5 : 1 = ___
10 : 2 = ___	6 : 2 = ___	18 : 2 = ___	16 : 2 = ___
10 : 5 = ___	35 : 5 = ___	30 : 5 = ___	45 : 5 = ___
10 : 10 = ___	40 : 10 = ___	60 : 10 = ___	80 : 10 = ___

1

11 : 2 = 5 Rest 1

11 : 3 = __ Rest __

11 : 4 = __ Rest __

11 : 5 = __ Rest __

2

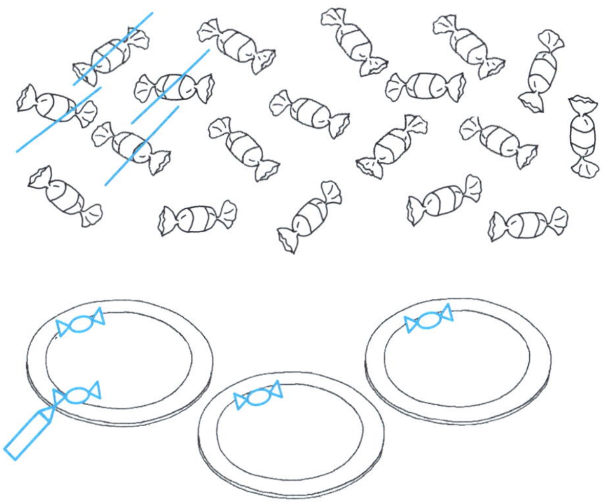

19 : 3 = __ Rest __

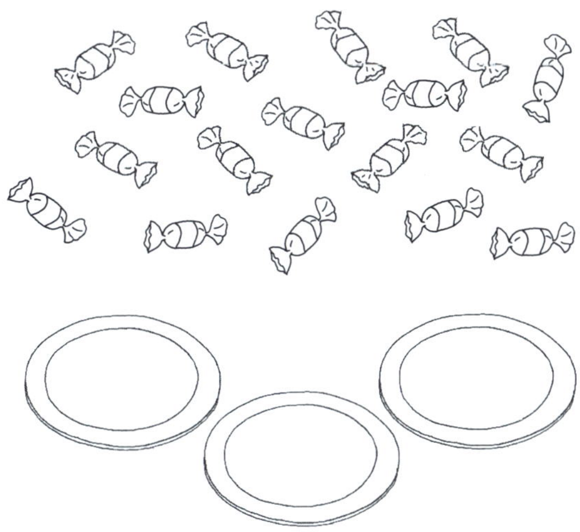

__ : 3 = __ Rest __

3

a) 12 : 2 = __ Rest __
13 : 2 = __ Rest __
14 : 2 = __ Rest __
15 : 2 = __ Rest __

b) 12 : 3 = __ Rest __
13 : 3 = __ Rest __
14 : 3 = __ Rest __
15 : 3 = __ Rest __

c) 12 : 4 = __ Rest __
13 : 4 = __ Rest __
14 : 4 = __ Rest __
15 : 4 = __ Rest __

d) 18 : 3 = __ Rest __
19 : 3 = __ Rest __
20 : 3 = __ Rest __
21 : 3 = __ Rest __

e) 18 : 6 = __ Rest __
19 : 6 = __ Rest __
20 : 6 = __ Rest __
21 : 6 = __ Rest __

f) 18 : 9 = __ Rest __
19 : 9 = __ Rest __
20 : 9 = __ Rest __
21 : 9 = __ Rest __

1 Rechne. Schreibe die Aufgaben in das Haus.

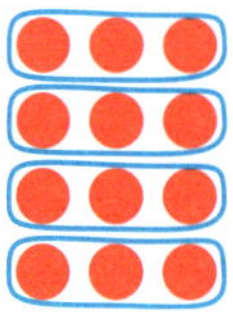

4 · 3 = ___
12 : 3 = ___

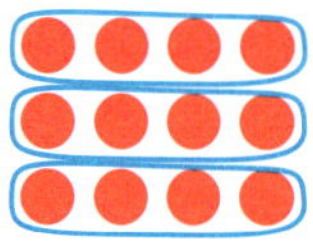

3 · 4 = ___
12 : 4 = ___

Haus: 12 | 4 | 3

4 · 3 = ___
3 · ___ = ___
12 : 3 = ___
12 : ___ = ___

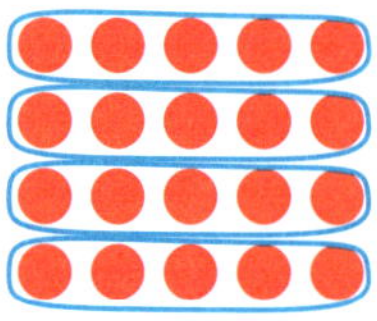

4 · 5 = ___
20 : 5 = ___

5 · ___ = ___
___ : 4 = ___

Haus: 20 | 4 | 5

___ · ___ = ___
___ · ___ = ___
___ : ___ = ___
___ : ___ = ___

2

Haus: 18 | 2 | 9

2 · 9 = ___
9 · ___ = ___
18 : ___ = ___
___ : ___ = ___

Haus: 21 | 3 | 7

___ · ___ = ___
___ · ___ = ___
___ : ___ = ___
___ : ___ = ___

Haus: 40 | 5 | 8

___ · ___ = ___
___ · ___ = ___
___ : ___ = ___
___ : ___ = ___

Haus: 6 | 6 | 1

___ · ___ = ___
___ · ___ = ___
___ : ___ = ___
___ : ___ = ___

Haus: 49 | 7 | 7

___ · ___ = ___
___ · ___ = ___

Haus: 81 | 9 | 9

___ · ___ = ___
___ · ___ = ___

1 Wie viele sind es?

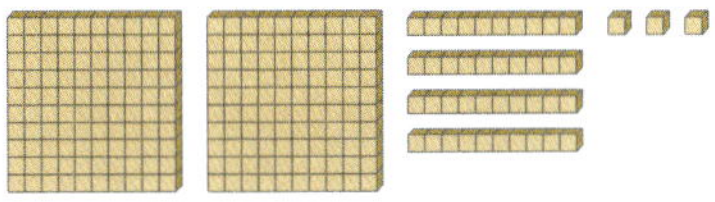

H	Z	E
2	4	3

2 H + 4 Z + 3 E

200 + 40 + 3 = 243

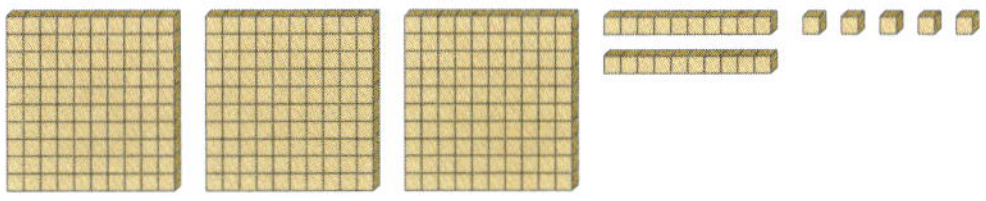

H	Z	E
3		

3 H +

300 +

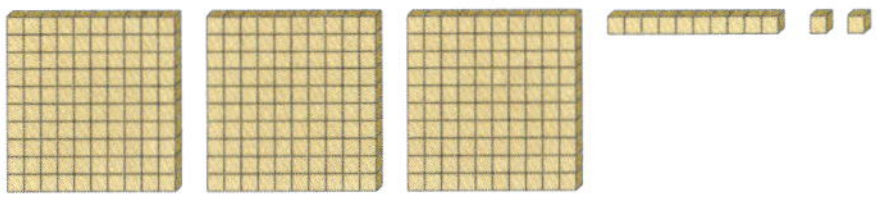

H	Z	E

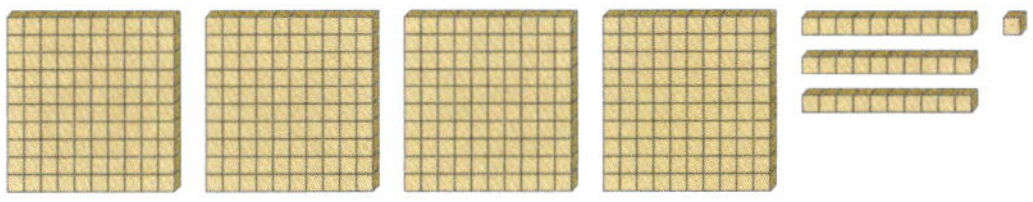

H	Z	E

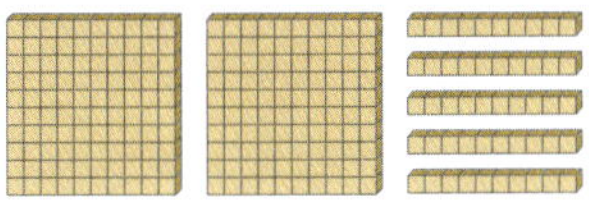

H	Z	E

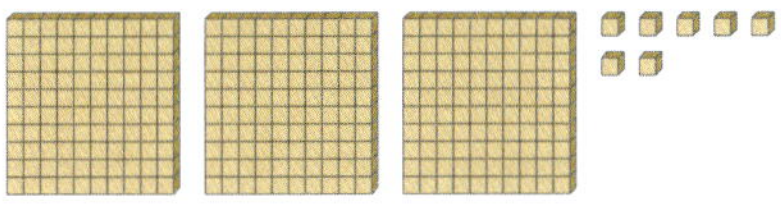

H	Z	E

2

200 + 10 + 5 = ______
400 + 20 + 1 = ______
300 + 50 + 3 = ______

200 + 40 + 4 = ______
400 + 20 + 2 = ______
100 + 50 + 1 = ______

400 + 30 + 0 = ______
300 + 0 + 1 = ______
200 + 0 + 4 = ______

500 + 30 + 2 = ______
100 + 70 + 5 = ______
200 + 40 + 6 = ______

300 + 70 + 8 = ______
100 + 30 + 0 = ______
500 + 10 + 9 = ______

100 + 40 + 3 = ______
500 + 90 + 2 = ______
300 + 30 + 3 = ______

1 Wie viele sind es?

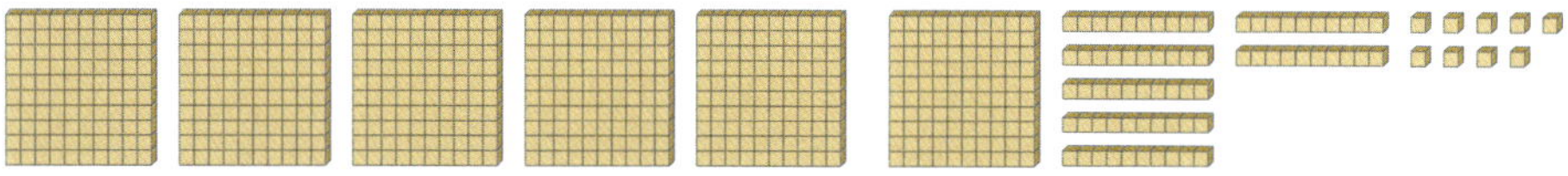

H	Z	E
6		

6 H +

600 +

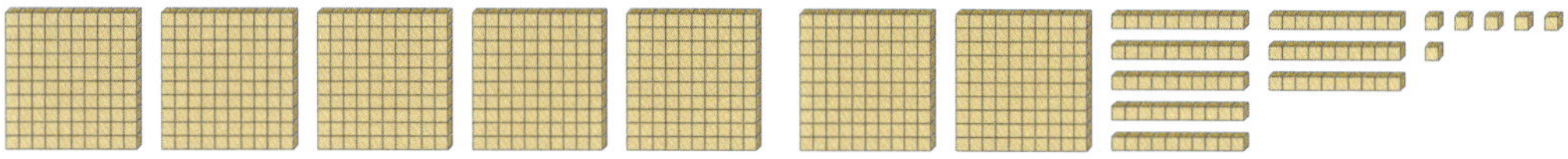

H	Z	E

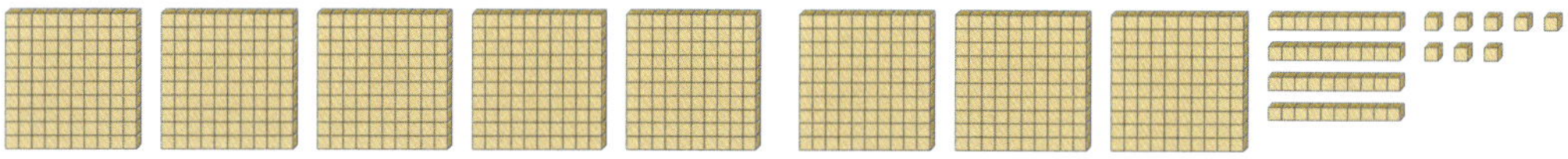

H	Z	E

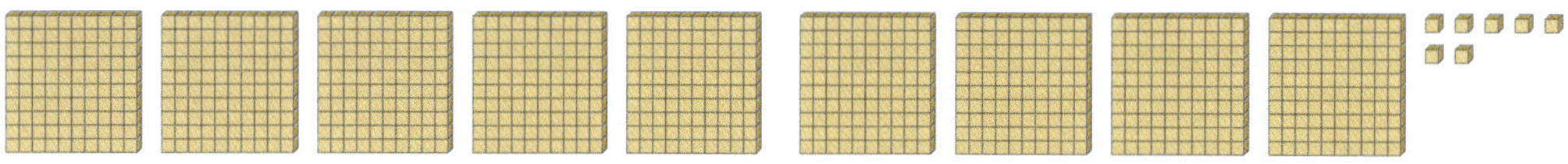

H	Z	E

2

500 + 60 + 8 = ______
700 + 80 + 9 = ______
900 + 50 + 7 = ______

600 + 70 + 6 = ______
800 + 90 + 5 = ______
400 + 80 + 4 = ______

800 + 80 + 8 = ______
900 + 90 + 9 = ______
500 + 50 + 5 = ______

700 + 70 + 7 = ______
800 + 30 + 6 = ______
400 + 50 + 2 = ______

900 + 70 + 0 = ______
600 + 90 + 0 = ______
800 + 0 + 7 = ______

500 + 0 + 8 = ______
700 + 80 + 2 = ______
900 + 60 + 9 = ______

1 Wie heißen die Zahlen?

a)

H	Z	E
1	2	6

126

b)

H	Z	E
3	7	9

______

c)

H	Z	E
6	0	5

______

d)

H	Z	E
9	4	3

______

e)

H	Z	E
1	8	4

______

f)

H	Z	E
4	7	6

______

g)

H	Z	E
5	2	9

______

h)

H	Z	E
3	8	0

______

2 Zerlege in Hunderter, Zehner und Einer.

a) 267 = 200 + 60 + 7
276 = ______
207 = ______

856 = ______
865 = ______
806 = ______

b) 641 = ______
614 = ______
640 = ______

912 = ______
921 = ______
910 = ______

3 Immer 3 Karten gehören zusammen. Verbinde.

351	fünfhundertdreizehn	500 + 30 + 1
153	dreihunderteinundfünfzig	100 + 30 + 5
513	dreihundertfünfzehn	100 + 50 + 3
135	einhundertdreiundfünfzig	300 + 50 + 1
315	fünfhunderteinunddreißig	500 + 10 + 3
531	einhundertfünfunddreißig	300 + 10 + 5

Zahlen bis 1 000

○ **1** Welche Zahlen sind es?

Trage in die Stellenwerttafel ein und schreibe die Zahl.

a) 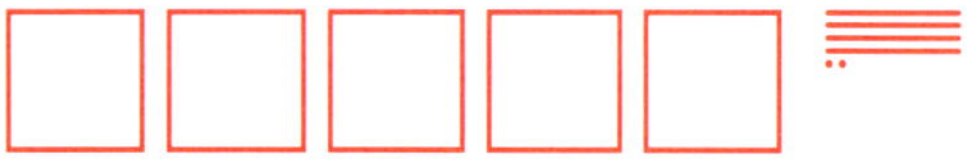

H	Z	E
5	4	2

542

b) 

H	Z	E

___

c) 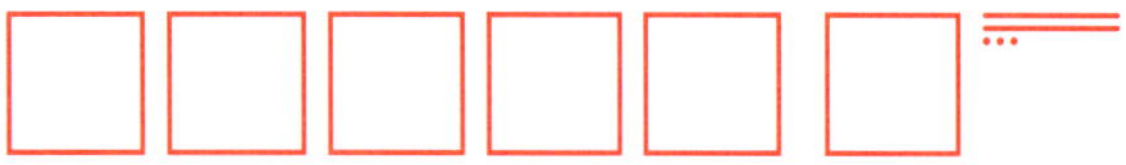

H	Z	E

___

d) 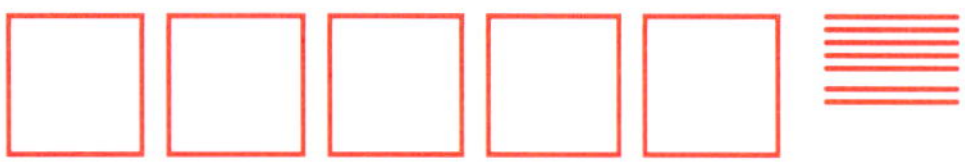

H	Z	E

___

e) 

H	Z	E

___

f) 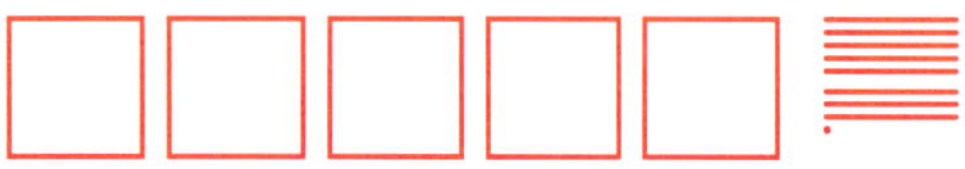

H	Z	E

___

○ **2** Schreibe in Geheimschrift.

a)

H	Z	E
4	2	3

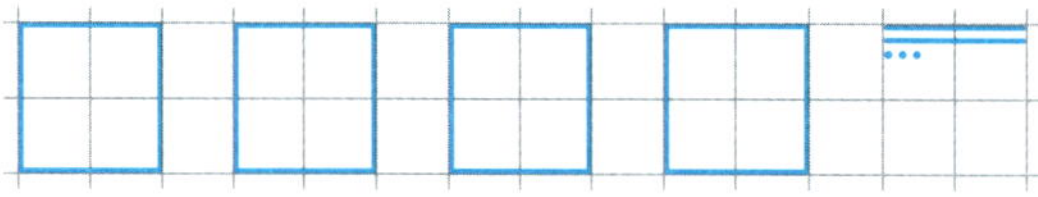

423

b)

H	Z	E
3	6	2

___

c)

H	Z	E
6	4	0

___

d)

H	Z	E
4	0	5

___

1 Wo gehören die Zahlen hin? Trage sie in die Tausendertafel ein.

~~202~~ 218 282 290 211 204 254 234 270 299 272 231 267 297 283 265 236 219 229 247

201	202	203		205	206	207	208	209	210
	212	213	214	215	216	217			220
221	222	223	224	225	226	227	228		230
	232	233		235		237	238	239	240
241	242	243	244	245	246		248	249	250
251	252	253		255	256	257	258	259	260
261	262	263	264		266		268	269	
271		273	274	275	276	277	278	279	280
281			284	285	286	287	288	289	
291	292	293	294	295	296		298		300

2 Welche Zahlen sind verdeckt? Schreibe sie auf.

●	102	103	104	●
111	●	113	●	115
121	122	●	124	125
131	●	133	●	135
●	142	143	144	●

306	307	●	309	310
316	317	●	319	320
●	●	328	●	●
336	337	●	339	340
346	347	●	349	350

451	●	453	●	455
●	462	463	464	●
471	472	●	474	475
●	482	483	484	●
491	●	493	●	495

●	224	225	226	227
233	●	235	236	237
●	●	●	●	●
253	●	255	256	257
●	264	265	266	267

745	746	747	748	749
755	●	●	●	759
765	●	●	●	769
775	●	●	●	779
785	786	787	788	789

● (rot): 101, ____, ____, ____, ____, ____, ____, ____, ____

● (blau): ____, ____, ____, ____, ____, ____, ____, ____

● (grün): ____, ____, ____, ____, ____, ____, ____, ____, ____

● (gelb): ____, ____, ____, ____, ____, ____, ____, ____, ____

● (lila): ____, ____, ____, ____, ____, ____, ____, ____, ____

Tausendertafel

1 Trage die fehlenden Zahlen ein.

520	521									530

633	634	

446	447	

311			314

	185	

	565	

		996	

2 Trage die fehlenden Zahlen ein.

263	264
	274

	407
	417

	532
	542

	180
	190

	950
	960

125	126

351	352

787	788

819	820

644	645

438	
	449

101	
	112

944	
	955

	260
269	

	753
762	

	587
596	

3 Trage die fehlenden Zahlen ein.

107	108	109
	118	

322		324
	333	

648		650
	659	

865		867
	876	

	402	
411		413

	237	
246		248

	918	
927		929

	785	
794		796

	753	
762		764

555		557
	566	

	789	
798		800

208		210
	219	

1 Trage die Zahlen ~~103~~, ~~107~~, 112, 114, 126, 131, 139, 142, 147, 155, 161, 168, 174, 185, 190 und 194 jeweils in das passende Feld am Zahlenstrahl ein.

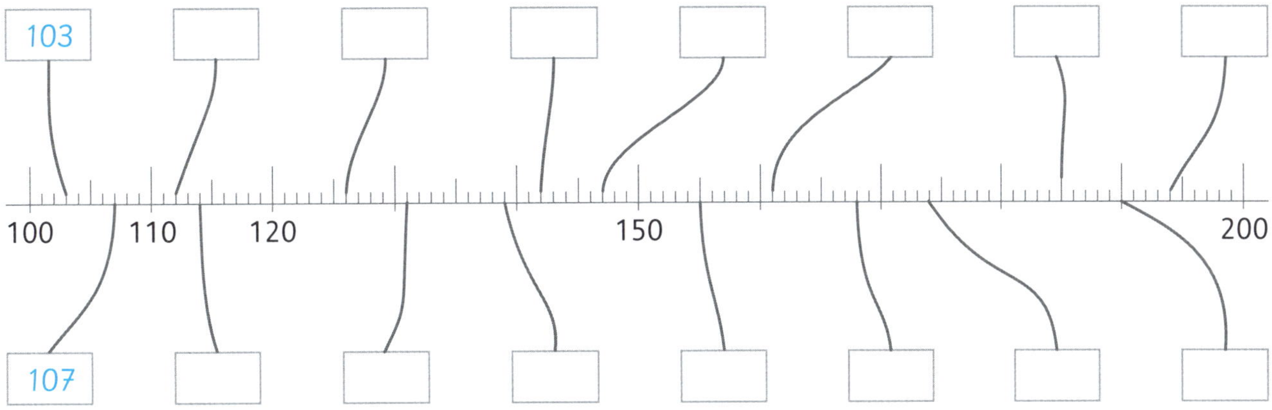

2 Ordne die Zahlen dem Zahlenstrahl zu.

109 113 125 137 151 169 178 192

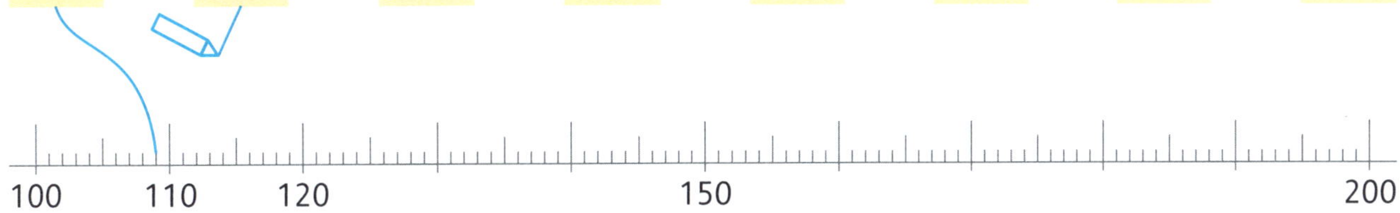

3 Wie heißen die fehlenden Zahlen? Schreibe sie auf.

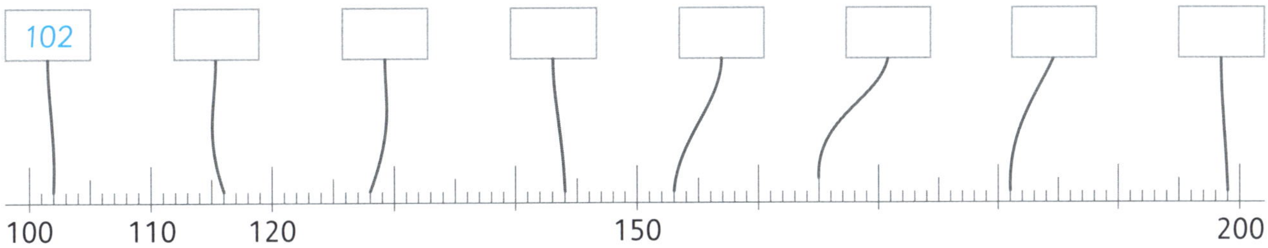

4 Setze <, > oder = ein.

195 < 591	217 ○ 271	432 ○ 423	602 ○ 612	770 ○ 77
318 ○ 138	242 ○ 224	498 ○ 489	184 ○ 148	840 ○ 840
456 ○ 564	238 ○ 238	427 ○ 472	936 ○ 963	350 ○ 305
809 ○ 908	206 ○ 260	451 ○ 451	552 ○ 525	606 ○ 660
544 ○ 445	297 ○ 279	467 ○ 476	369 ○ 396	49 ○ 409
673 ○ 763	253 ○ 235	484 ○ 448	717 ○ 717	223 ○ 28

1 Ordne die Zahlen zu. Wie heißen die fehlenden Zahlen? Schreibe sie auf.

205 214 228 241 259 263 287 292

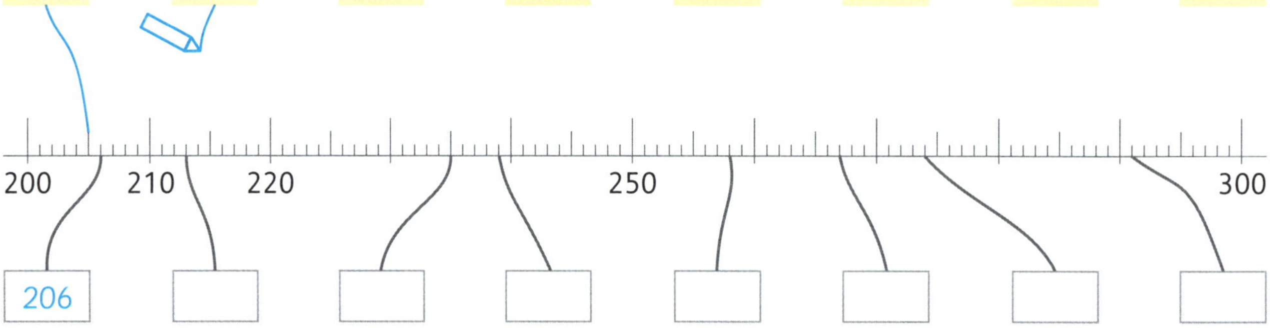

2 605 614 628 641 659 663 687 692

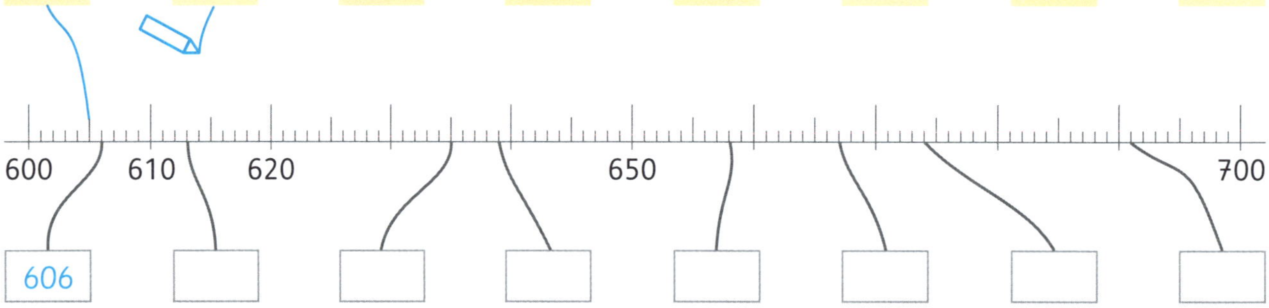

3 Zähle in Einerschritten vorwärts.

120 121 ___ ___ ___ ___
345 346 ___ ___ ___ ___
567 568 ___ ___ ___ ___
798 ___ ___ ___ ___ ___

Zähle in Einerschritten rückwärts.

130 129 ___ ___ ___ ___
355 354 ___ ___ ___ ___
573 572 ___ ___ ___ ___
602 ___ ___ ___ ___ ___

Zähle in Zehnerschritten vorwärts.

200 210 ___ ___ ___ ___
415 425 ___ ___ ___ ___
628 638 ___ ___ ___ ___
870 ___ ___ ___ ___ ___

Zähle in Zehnerschritten rückwärts.

290 280 ___ ___ ___ ___
495 485 ___ ___ ___ ___
688 678 ___ ___ ___ ___
792 ___ ___ ___ ___ ___

Zähle in Hunderterschritten vorwärts.

101 201 ___ ___ ___ ___
150 250 ___ ___ ___ ___
199 299 ___ ___ ___ ___
32 ___ ___ ___ ___ ___

Zähle in Hunderterschritten rückwärts.

901 801 ___ ___ ___ ___
950 850 ___ ___ ___ ___
999 899 ___ ___ ___ ___
762 ___ ___ ___ ___ ___

Nachbarzahlen

1 Schreibe für jede Zahl den Vorgänger (V) und den Nachfolger (N) auf.

V	Z	N
113	114	115
	124	
	134	
	144	

V	Z	N
	167	
	437	
	787	
	907	

V	Z	N
	542	
	285	
	168	
	896	

V	Z	N
	239	
	519	
	679	
	849	

V	Z	N
	340	
	820	
	450	
	160	

V	Z	N
	199	
	299	
	699	
	999	

2 Schreibe die Nachbarzehner (NZ) der Zahlen auf.
Unterstreiche jeweils die nächstgelegenen Nachbarzehner.

NZ	Z	NZ
350	352	360
	354	
	356	
	357	
	359	
	351	

NZ	Z	NZ
	143	
	381	
	918	
	649	
	726	
	826	

NZ	Z	NZ
	209	
	502	
	491	
	798	
	353	
	343	

3 Schreibe die Nachbarhunderter (NH) der Zahlen auf.
Unterstreiche jeweils den nächstgelegenen Nachbarhunderter.

NH	Z	NH
200	201	300
	237	
	251	
	299	
	247	
	273	

NH	Z	NH
	368	
	519	
	703	
	634	
	427	
	527	

NH	Z	NH
	426	
	852	
	115	
	980	
	349	
	359	

1 Wie viele sind es?

a) 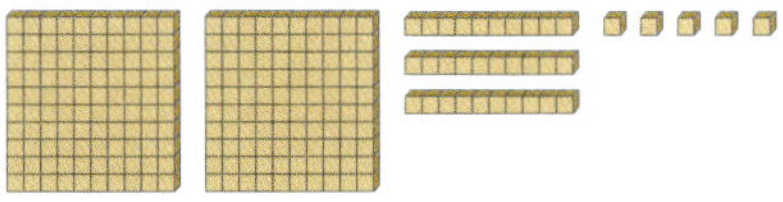

H	Z	E

b) 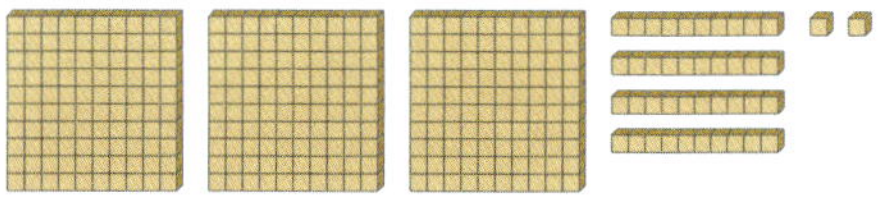

H	Z	E

c) 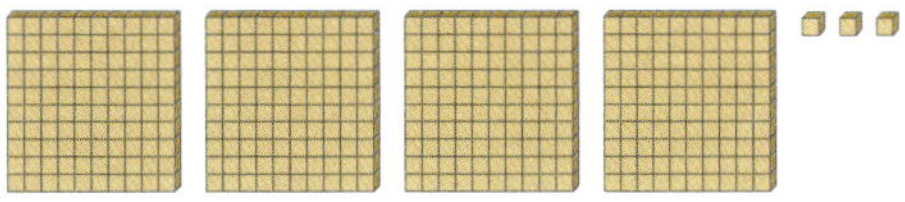

H	Z	E

d) 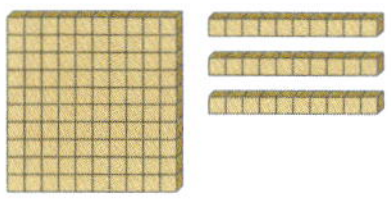

H	Z	E

2 a) 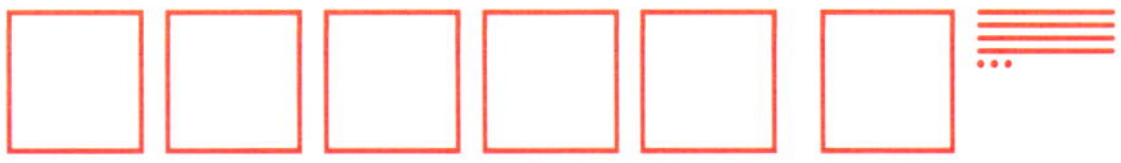

H	Z	E

______

b) 

H	Z	E

______

c)

H	Z	E
4	3	5

______

d)

H	Z	E
3	1	7

______

3 Trage die fehlenden Zahlen ein.

123	124

371	
	382

718	719

	240
249	

	586
	596

4 Setze <, > oder = ein.

285 ◯ 582   346 ◯ 346   132 ◯ 131   605 ◯ 650   103 ◯ 99

417 ◯ 147   569 ◯ 596   790 ◯ 709   254 ◯ 245   78 ◯ 780

Wie erfolgreich hast du gearbeitet?

Male den passenden Raben aus.

Addieren einstelliger Zahlen

1 Schreibe deine Rechnung auf.

1 6 3 + 5 =

3 4 1 + 9 =

2 a)

136 + 2 = ____	114 + 6 = ____	124 + 5 = ____	183 + 7 = ____
236 + 2 = ____	314 + 6 = ____	224 + 5 = ____	383 + 7 = ____
436 + 2 = ____	614 + 6 = ____	524 + 5 = ____	683 + 7 = ____
736 + 2 = ____	814 + 6 = ____	924 + 5 = ____	783 + 7 = ____

b)

245 + 3 = ____	451 + 2 = ____	541 + 3 = ____	632 + 8 = ____
245 + 1 = ____	451 + 6 = ____	774 + 6 = ____	823 + 5 = ____
245 + 5 = ____	451 + 4 = ____	196 + 0 = ____	452 + 6 = ____
245 + 2 = ____	451 + 8 = ____	910 + 7 = ____	303 + 7 = ____

3 Schreibe deine Rechnung auf.

1 7 8 + 5 =

3 4 2 + 9 =

4 a)

137 + 4 = ____	118 + 8 = ____	169 + 3 = ____	174 + 7 = ____
237 + 4 = ____	318 + 8 = ____	269 + 3 = ____	374 + 7 = ____
437 + 4 = ____	618 + 8 = ____	569 + 3 = ____	674 + 7 = ____
737 + 4 = ____	818 + 8 = ____	969 + 3 = ____	774 + 7 = ____

b)

288 + 2 = ____	416 + 5 = ____	539 + 4 = ____	989 + 2 = ____
288 + 4 = ____	416 + 4 = ____	775 + 9 = ____	626 + 6 = ____
288 + 7 = ____	416 + 9 = ____	186 + 6 = ____	858 + 8 = ____
288 + 6 = ____	416 + 8 = ____	958 + 8 = ____	386 + 7 = ____

Addieren im Hunderter

○ **1** Schreibe deine Rechnung auf.

616 + 30 =

610 + 32 =

616 + 32 =

616 + 34 =

616 + 38 =

916 + 38 =

○ **2**

310 + 20 = ____
310 + 60 = ____
310 + 50 = ____

520 + 37 = ____
710 + 37 = ____
650 + 37 = ____

417 + 50 = ____
263 + 10 = ____
129 + 60 = ____

134 + 51 = ____
955 + 23 = ____
286 + 12 = ____

634 + 36 = ____
855 + 25 = ____
376 + 14 = ____

248 + 26 = ____
419 + 53 = ____
923 + 48 = ____

324 + 67 = ____
536 + 45 = ____
225 + 69 = ____

748 + 29 = ____
125 + 59 = ____
816 + 79 = ____

○ **3**

+	10	33	18	57
132	142			
415				
724				

+	20	42	27	39
213				
546				
707				

+	40	37	23	19
310				
860				
222				

+	37	24	15	34
501				
931				
653				

Addieren dreistelliger Zehnerzahlen

1 Schreibe deine Rechnung auf.

140 + 230 =

350 + 210 =

260 + 120 =

630 + 360 =

420 + 510 =

710 + 270 =

2

a)	b)	c)
130 + 200 = ____	360 + 300 = ____	530 + 30 = ____
130 + 300 = ____	480 + 200 = ____	720 + 50 = ____
130 + 500 = ____	570 + 400 = ____	610 + 80 = ____
130 + 700 = ____	840 + 100 = ____	930 + 40 = ____
130 + 800 = ____	210 + 200 = ____	860 + 20 = ____

d)	e)	f)
240 + 120 = ____	360 + 310 = ____	150 + 620 = ____
240 + 110 = ____	420 + 170 = ____	820 + 140 = ____
240 + 150 = ____	530 + 450 = ____	730 + 210 = ____
240 + 140 = ____	640 + 230 = ____	220 + 660 = ____
240 + 130 = ____	250 + 250 = ____	110 + 740 = ____

3 Welche Zahlen fehlen? Setze jeweils die passende Zahl ein.

280 | ~~140~~ | 370 | 80 | 420 | 630 | 830 | 750 | 610 | 560

850 + 140 = 990	710 + ____ = 990	240 + ____ = 990
570 + ____ = 990	430 + ____ = 990	620 + ____ = 990
910 + ____ = 990	380 + ____ = 990	160 + ____ = 990

Addieren zum Hunderter

1 Ergänze die fehlenden Zahlen. Nutze das Zahlenband.

+6

191	192	193	**194**	195	196	197	198	199	**200**

194 + 6 = 200	192 + __ = 200	198 + __ = 200	193 + __ = 200
197 + __ = 200	195 + __ = 200	191 + __ = 200	196 + __ = 200

2 Ergänze zum nächsten Hunderter.

293 + 7 = 300	697 + __ = ____	894 + __ = ____
595 + __ = ____	491 + __ = ____	399 + __ = ____
392 + __ = ____	794 + __ = ____	991 + __ = ____
899 + __ = ____	298 + __ = ____	995 + __ = ____

3 Ergänze die fehlenden Zehnerzahlen. Nutze das Zahlenband.

+70

110	120	**130**	140	150	160	170	180	190	**200**

130 + 70 = 200	120 + ____ = 200	170 + ____ = 200	160 + ____ = 200
180 + ____ = 200	150 + ____ = 200	130 + ____ = 200	110 + ____ = 200

4 Ergänze zum nächsten Hunderter.

240 + 60 = 300	530 + ____ = ____	740 + ____ = ____
470 + ____ = ____	860 + ____ = ____	390 + ____ = ____
320 + ____ = ____	610 + ____ = ____	920 + ____ = ____
790 + ____ = ____	250 + ____ = ____	970 + ____ = ____

5 Ergänze die fehlenden Zahlen.

185 + ____ = 200	374 + ____ = 400	648 + ____ = 700	775 + ____ = 800
189 + ____ = 200	324 + ____ = 400	838 + ____ = 900	527 + ____ = 600
183 + ____ = 200	354 + ____ = 400	208 + ____ = 300	242 + ____ = 300
181 + ____ = 200	314 + ____ = 400	468 + ____ = 500	809 + ____ = 900

Addieren über den Hunderter

1 Zähle in Einerschritten vorwärts.

96	97	___	___	___	___	197	___	___	___	___	___
396	397	___	___	___	___	499	___	___	___	___	___
598	599	___	___	___	___	695	___	___	___	___	___

2 Schreibe deine Rechnung auf.

198 + 5 =

397 + 9 =

495 + 7 =

3

296 + 5 = ___	499 + 8 = ___	598 + 3 = ___	694 + 8 = ___
296 + 7 = ___	394 + 8 = ___	195 + 6 = ___	899 + 2 = ___
296 + 9 = ___	697 + 8 = ___	497 + 4 = ___	493 + 9 = ___
296 + 6 = ___	895 + 8 = ___	792 + 9 = ___	398 + 5 = ___

4 Zähle in Zehnerschritten vorwärts.

80	90	___	___	___	___	263	___	___	___	___	___
480	490	___	___	___	___	591	___	___	___	___	___
185	195	___	___	___	___	777	___	___	___	___	___

5 Schreibe deine Rechnung auf.

280 + 30 =

285 + 30 =

6

190 + 20 = ___	590 + 50 = ___	183 + 40 = ___	347 + 60 = ___
190 + 60 = ___	370 + 50 = ___	483 + 40 = ___	565 + 80 = ___
190 + 30 = ___	680 + 50 = ___	283 + 40 = ___	759 + 70 = ___
190 + 80 = ___	860 + 50 = ___	783 + 40 = ___	671 + 90 = ___

1 Schreibe deine Rechnung auf.

184 + 52 =

184 + 59 =

673 + 45 =

673 + 48 =

2

165 + 44 = ____	174 + 33 = ____	487 + 21 = ____	756 + 52 = ____
165 + 47 = ____	174 + 39 = ____	487 + 28 = ____	756 + 55 = ____
293 + 16 = ____	562 + 43 = ____	379 + 34 = ____	685 + 27 = ____
293 + 66 = ____	562 + 83 = ____	379 + 54 = ____	685 + 97 = ____
431 + 72 = ____	328 + 81 = ____	264 + 45 = ____	849 + 62 = ____
431 + 89 = ____	328 + 94 = ____	264 + 67 = ____	849 + 99 = ____

Addieren dreistelliger Zehnerzahlen

1 Schreibe deine Rechnung auf.

140 + 260 =

350 + 250 =

260 + 180 =

530 + 190 =

480 + 370 =

690 + 240 =

2 a)

180 + 20 = ___	370 + 230 = ___	160 + 350 = ___
490 + 10 = ___	450 + 150 = ___	360 + 350 = ___
730 + 70 = ___	520 + 380 = ___	460 + 350 = ___
560 + 40 = ___	890 + 110 = ___	260 + 350 = ___

b)

290 + 140 = ___	170 + 340 = ___	260 + 490 = ___
290 + 160 = ___	480 + 230 = ___	540 + 280 = ___
290 + 180 = ___	650 + 190 = ___	790 + 150 = ___
290 + 170 = ___	590 + 220 = ___	370 + 360 = ___

3 Welche Zahlen fehlen? Setze jeweils die passende Zahl ein.

430 790 ~~140~~ 350 730 680 40 560 290 270

680 + 140 = 820	260 + ___ = 820	550 + ___ = 820
470 + ___ = 820	390 + ___ = 820	140 + ___ = 820
530 + ___ = 820	780 + ___ = 820	90 + ___ = 820

Subtrahieren einstelliger Zahlen

1 Schreibe deine Rechnung auf.

1 6 8 − 5 =

3 4 9 − 7 =

2 a)

136 − 2 = ____	118 − 6 = ____	127 − 5 = ____	189 − 7 = ____
236 − 2 = ____	318 − 6 = ____	227 − 5 = ____	389 − 7 = ____
436 − 2 = ____	618 − 6 = ____	527 − 5 = ____	689 − 7 = ____
736 − 2 = ____	818 − 6 = ____	927 − 5 = ____	789 − 7 = ____

b)

245 − 3 = ____	458 − 2 = ____	547 − 3 = ____	637 − 7 = ____
245 − 1 = ____	458 − 6 = ____	778 − 6 = ____	829 − 5 = ____
245 − 4 = ____	458 − 4 = ____	196 − 0 = ____	452 − 1 = ____
245 − 2 = ____	458 − 8 = ____	919 − 7 = ____	303 − 2 = ____

3 Schreibe deine Rechnung auf.

1 7 8 − 5 =

3 4 2 − 9 =

4 a)

135 − 7 = ____	118 − 8 = ____	161 − 3 = ____	174 − 9 = ____
235 − 7 = ____	318 − 8 = ____	261 − 3 = ____	374 − 9 = ____
435 − 7 = ____	618 − 8 = ____	561 − 3 = ____	674 − 9 = ____
735 − 7 = ____	818 − 8 = ____	961 − 3 = ____	774 − 9 = ____

b)

283 − 2 = ____	412 − 5 = ____	532 − 4 = ____	991 − 2 = ____
283 − 4 = ____	412 − 3 = ____	775 − 0 = ____	624 − 5 = ____
283 − 7 = ____	412 − 9 = ____	186 − 6 = ____	852 − 8 = ____
283 − 6 = ____	412 − 8 = ____	958 − 9 = ____	386 − 7 = ____

Subtrahieren im Hunderter

1 Schreibe deine Rechnung auf.

685 − 30 =

680 − 32 =

685 − 32 =

685 − 35 =

685 − 38 =

985 − 38 =

2

480 − 10 = ____
480 − 30 = ____
480 − 80 = ____

587 − 40 = ____
364 − 40 = ____
648 − 40 = ____

160 − 51 = ____
940 − 22 = ____
270 − 15 = ____

164 − 52 = ____
948 − 26 = ____
277 − 13 = ____

395 − 75 = ____
537 − 28 = ____
982 − 47 = ____

171 − 18 = ____
496 − 77 = ____
844 − 35 = ____

252 − 46 = ____
924 − 16 = ____
597 − 88 = ____

837 − 29 = ____
165 − 49 = ____
346 − 39 = ____

3

−	10	21	17	38
187				
345				
662				

−	30	43	26	58
274				
596				
863				

−	50	33	26	49
480				
760				
853				

−	70	65	39	56
788				
691				
871				

Subtrahieren dreistelliger Zehnerzahlen

1 Schreibe deine Rechnung auf.

270 − 120 =

380 − 260 =

490 − 150 =

650 − 310 =

840 − 530 =

760 − 440 =

2 a) 680 − 200 = ____

680 − 300 = ____

680 − 500 = ____

680 − 600 = ____

560 − 300 = ____

710 − 200 = ____

930 − 400 = ____

820 − 100 = ____

450 − 30 = ____

690 − 50 = ____

870 − 60 = ____

980 − 40 = ____

b) 370 − 110 = ____

370 − 140 = ____

370 − 150 = ____

370 − 120 = ____

480 − 250 = ____

390 − 120 = ____

690 − 670 = ____

860 − 740 = ____

760 − 320 = ____

250 − 130 = ____

430 − 210 = ____

590 − 480 = ____

3 Welche Zahlen fehlen? Setze jeweils die passende Zahl ein.

350 | 700 | 680 | ~~230~~ | 740 | 310 | 130 | 510 | 570 | 460

440 − 230 = 210

560 − ____ = 210

780 − ____ = 210

340 − ____ = 210

890 − ____ = 210

910 − ____ = 210

670 − ____ = 210

950 − ____ = 210

520 − ____ = 210

1 Subtrahiere vom Hunderter. Nutze das Zahlenband.

−5

191	192	193	194	195	196	197	198	199	200

200 − 5 = 195
200 − 7 = ____

200 − 3 = ____
200 − 6 = ____

200 − 9 = ____
200 − 4 = ____

200 − 2 = ____
200 − 8 = ____

2

300 − 6 = 294
500 − 2 = ____
400 − 4 = ____
700 − 8 = ____

600 − 5 = ____
800 − 9 = ____
900 − 7 = ____
300 − 3 = ____

400 − 2 = ____
500 − 1 = ____
1 000 − 8 = ____
1 000 − 6 = ____

3 Subtrahiere Zehnerzahlen vom Hunderter. Nutze das Zahlenband.

−60

110	120	130	140	150	160	170	180	190	200

200 − 60 = 140
200 − 80 = ____

200 − 50 = ____
200 − 70 = ____

200 − 90 = ____
200 − 30 = ____

200 − 40 = ____
200 − 20 = ____

4

300 − 70 = 230
400 − 40 = ____
600 − 50 = ____
700 − 20 = ____

500 − 80 = ____
800 − 30 = ____
900 − 90 = ____
300 − 60 = ____

800 − 10 = ____
900 − 70 = ____
1 000 − 80 = ____
1 000 − 40 = ____

5

200 − 12 = ____
200 − 13 = ____
200 − 16 = ____
200 − 17 = ____

400 − 25 = ____
400 − 35 = ____
400 − 75 = ____
400 − 55 = ____

900 − 61 = ____
900 − 63 = ____
900 − 65 = ____
900 − 67 = ____

700 − 59 = ____
700 − 48 = ____
700 − 37 = ____
700 − 26 = ____

600 − 57 = ____
700 − 57 = ____
200 − 57 = ____
900 − 57 = ____

800 − 25 = ____
100 − 25 = ____
500 − 25 = ____
400 − 25 = ____

700 − 27 = ____
900 − 47 = ____
300 − 67 = ____
500 − 87 = ____

800 − 19 = ____
600 − 29 = ____
900 − 79 = ____
700 − 99 = ____

Subtrahieren über den Hunderter

1 Zähle in Einerschritten rückwärts.

102 101 ___ ___ ___ ___ 203 ___ ___ ___ ___ ___

402 401 ___ ___ ___ ___ 501 ___ ___ ___ ___ ___

604 603 ___ ___ ___ ___ 805 ___ ___ ___ ___ ___

2 Schreibe deine Rechnung auf.

103 − 5 = 307 − 9 = 604 − 7 =

3

204 − 5 = ___	401 − 8 = ___	503 − 4 = ___	607 − 8 = ___
204 − 7 = ___	304 − 8 = ___	106 − 7 = ___	803 − 5 = ___
204 − 6 = ___	602 − 8 = ___	701 − 3 = ___	404 − 9 = ___
204 − 9 = ___	805 − 8 = ___	908 − 9 = ___	305 − 6 = ___

4 Zähle in Zehnerschritten rückwärts.

120 110 ___ ___ ___ ___ 333 ___ ___ ___ ___ ___

420 410 ___ ___ ___ ___ 641 ___ ___ ___ ___ ___

425 415 ___ ___ ___ ___ 817 ___ ___ ___ ___ ___

5 Schreibe deine Rechnung auf.

310 − 30 = 315 − 30 =

6

210 − 20 = ___	520 − 50 = ___	253 − 70 = ___	417 − 60 = ___
210 − 60 = ___	340 − 50 = ___	553 − 70 = ___	659 − 80 = ___
210 − 40 = ___	630 − 50 = ___	353 − 70 = ___	805 − 70 = ___
210 − 80 = ___	810 − 50 = ___	953 − 70 = ___	748 − 90 = ___

1 Schreibe deine Rechnung auf.

124 − 32 =

124 − 37 =

215 − 21 =

215 − 28 =

2

104 − 12 = ____

104 − 17 = ____

115 − 23 = ____

115 − 26 = ____

232 − 41 = ____

232 − 48 = ____

426 − 35 = ____

426 − 39 = ____

308 − 14 = ____

308 − 34 = ____

513 − 22 = ____

513 − 52 = ____

451 − 63 = ____

451 − 93 = ____

647 − 58 = ____

647 − 88 = ____

205 − 11 = ____

205 − 36 = ____

718 − 24 = ____

718 − 59 = ____

364 − 72 = ____

364 − 86 = ____

835 − 43 = ____

835 − 97 = ____

Subtrahieren dreistelliger Zehnerzahlen

1 Schreibe deine Rechnung auf.

270 − 170 =

380 − 280 =

450 − 160 =

630 − 340 =

840 − 570 =

760 − 490 =

2 a)

560 − 360 = ____
710 − 210 = ____
930 − 430 = ____
820 − 620 = ____

510 − 130 = ____
510 − 170 = ____
510 − 190 = ____
510 − 140 = ____

320 − 60 = ____
640 − 70 = ____
930 − 50 = ____
560 − 90 = ____

420 − 270 = ____
310 − 150 = ____
750 − 480 = ____
640 − 390 = ____

450 − 260 = ____
550 − 260 = ____
850 − 260 = ____
350 − 260 = ____

910 − 650 = ____
830 − 570 = ____
940 − 790 = ____
720 − 460 = ____

3 Welche Zahlen fehlen? Setze jeweils die passende Zahl ein.

680 | ~~250~~ | 530 | 580 | 360 | 740 | 60 | 490 | 700 | 170

410 − 250 = 160
520 − ____ = 160
860 − ____ = 160

840 − ____ = 160
900 − ____ = 160
220 − ____ = 160

330 − ____ = 160
650 − ____ = 160
740 − ____ = 160

1

___	___	___	___
134 · ___	___ · ___	___ · ___	___ · ___
124 · 10 · 30	313 · 20 · 20	515 · 25 · 10	705 · 15 · 40

___	___	___	___
___ · ___	___ · ___	___ · ___	___ · ___
203 · 17 · 23	411 · 19 · 31	626 · 14 · 36	819 · 11 · 29

2

___	___	___
___ · 30	___ · 50	___ · 60
110 · ___ · 15	220 · ___ · 25	330 · ___ · 55

199	399	599	799
20 · ___	30 · ___	___ · 40	___ · 50
___ · 11 · ___	___ · 22 · ___	___ · 33 · ___	___ · 44 · ___

3

___	___	___	___
196 · ___	___ · ___	___ · ___	___ · ___
193 · 3 · 9	295 · 7 · 8	793 · 9 · 5	498 · 4 · 7

___	___	___	___
___ · ___	___ · ___	___ · ___	___ · ___
290 · 30 · 50	380 · 50 · 40	670 · 90 · 0	560 · 60 · 20

4

102	203	606
6 · ___	8 · ___	___ · 5
4 · ___ · ___	1 · ___ · ___	___ · ___ · 4

120	540	630	710
40 · ___	50 · ___	___ · 80	___ · 30
___ · 10 · ___	___ · 20 · ___	___ · 40 · ___	___ · 0 · ___

1

687	+	13	=	___
587	+	113	=	___
487	+	213	=	___
___	+	___	=	___
___	+	___	=	___

Der erste Summand

Der zweite Summand

Das Ergebnis

wird immer um ___ größer.

bleibt immer gleich.

wird immer um ___ kleiner.

2

989	−	82	=	___
889	−	182	=	___
789	−	282	=	___
___	−	___	=	___
___	−	___	=	___

Der Minuend ___.

Der Subtrahend ___.

Das Ergebnis ___.

3

Der erste Summand wird immer um 50 kleiner.
Der zweite Summand bleibt immer gleich.

Das Ergebnis ___.

525	+	25	=	___
___	+	___	=	___
___	+	___	=	___
___	+	___	=	___
___	+	___	=	___

4

Der Minuend wird immer um 50 kleiner.
Der Subtrahend bleibt immer gleich.

Das Ergebnis ___.

525	−	25	=	___
___	−	___	=	___
___	−	___	=	___
___	−	___	=	___
___	−	___	=	___

1

153 + 2 = ___ | 693 + 7 = ___ | 197 + 6 = ___ | 172 + 30 = ___
548 + 3 = ___ | 391 + 9 = ___ | 794 + 9 = ___ | 348 + 60 = ___
216 + 70 = ___ | 740 + 60 = ___ | 280 + 40 = ___ | 859 + 53 = ___
451 + 28 = ___ | 865 + 35 = ___ | 560 + 70 = ___ | 625 + 86 = ___

2

296 + ___ = 300 | 340 + ___ = 400 | 175 + ___ = 200
892 + ___ = 900 | 650 + ___ = 700 | 469 + ___ = 500
395 + ___ = 400 | 570 + ___ = 600 | 726 + ___ = 800

3

179 − 6 = ___ | 400 − 7 = ___ | 205 − 8 = ___ | 416 − 20 = ___
785 − 8 = ___ | 300 − 4 = ___ | 603 − 5 = ___ | 921 − 30 = ___
936 − 20 = ___ | 600 − 90 = ___ | 320 − 40 = ___ | 534 − 42 = ___
264 − 43 = ___ | 800 − 31 = ___ | 810 − 50 = ___ | 745 − 51 = ___

4

340 − ___ = 300 | 895 − ___ = 800 | 575 − ___ = 475
560 − ___ = 500 | 769 − ___ = 700 | 336 − ___ = 136
690 − ___ = 600 | 231 − ___ = 200 | 469 − ___ = 169

5

	___	
___		___
320	10	46

	___	
___		___
815	20	17

	___	
___		___
642	9	15

	___	
___		___
12	99	250

	277	
40		___
12	___	___

	188	
___		20
___	___	15

	500	
75		___
___	50	___

	750	
___		175
___	99	___

6

990 + ___ = 1 000
970 + ___ = 1 000
960 + ___ = 1 000
___ + ___ = ___

225 + 90 = ___
235 + 80 = ___
245 + 70 = ___
___ + ___ = ___

535 − 80 = ___
545 − 70 = ___
555 − 60 = ___
___ − ___ = ___

Wie erfolgreich hast du gearbeitet?
Male den passenden Raben aus.

1 a)

	H	Z	E
	1	2	5
+	2	1	3
			8

	H	Z	E
	3	4	1
+	2	5	6

	H	Z	E
	4	1	7
+	1	7	2

b)

	H	Z	E
	5	3	6
+	4	2	1

	H	Z	E
	2	2	9
+	3	6	0

	H	Z	E
	6	0	4
+	1	8	4

	H	Z	E
	7	9	0
+	2	0	8

2 a)

	H	Z	E
	3	1	4
+	4	5	2

	H	Z	E
	5	8	2
+	3	1	6

	H	Z	E
	2	3	5
+	5	4	3

	H	Z	E
	7	5	1
+	2	3	7

	H	Z	E
	4	6	7
+	1	2	1

b)

	H	Z	E
	4	6	0
+	5	2	8

	H	Z	E
	3	0	4
+	4	7	3

	H	Z	E
	7	9	8
+	2	0	1

	H	Z	E
	8	4	8
+	1	5	0

	H	Z	E
	6	5	0
+	2	0	9

c)

	H	Z	E
	2	4	7
+		5	2

	H	Z	E
	9	0	5
+		8	4

	H	Z	E
	6	4	2
+		3	1

	H	Z	E
		8	6
+	5	0	3

	H	Z	E
		1	7
+	7	6	2

3 Schreibe stellengerecht untereinander. Rechne schriftlich.

156 + 632 325 + 161 666 + 230 482 + 306 723 + 75

Schriftlich addieren mit einem Übertrag

1 a)

	H	Z	E
	2	4	6
+	3	1	8
		1	
			4

	H	Z	E
	5	2	4
+	1	3	7

	H	Z	E
	3	6	7
+	4	2	5

b)

	H	Z	E
	4	5	3
+	5	1	8

	H	Z	E
	1	1	8
+	7	5	2

	H	Z	E
	6	0	5
+	2	8	6

	H	Z	E
	8	7	9
+	1	0	1

2 a)

	H	Z	E
	3	6	5
+	4	2	7
		1	

	H	Z	E
	6	4	8
+	1	3	6

	H	Z	E
	2	8	9
+	5	0	2

	H	Z	E
	5	1	2
+	3	4	8

	H	Z	E
	7	3	6
+	2	5	9

b)

	H	Z	E
	1	9	3
+	7	3	5
	1		

	H	Z	E
	4	6	6
+	3	5	1

	H	Z	E
	7	7	0
+	1	9	9

	H	Z	E
	2	4	5
+	6	7	2

	H	Z	E
	6	2	4
+	1	8	0

c)

	H	Z	E
	5	5	7
+		2	8

	H	Z	E
	8	6	1
+		7	4

	H	Z	E
	7	4	3
+		9	1

	H	Z	E
		4	5
+	8	1	9

	H	Z	E
		3	3
+	6	4	7

3 Schreibe stellengerecht untereinander. Rechne schriftlich.

353 + 139 274 + 707 243 + 564 178 + 390 663 + 28

Schriftlich addieren mit zwei Überträgen

1 a)

	H	Z	E
	6	4	7
+	1	8	9
	1	1	
			6

	H	Z	E
	1	8	5
+	4	7	6

	H	Z	E
	2	7	4
+	3	5	8

b)

	H	Z	E
	3	6	9
+	5	6	1

	H	Z	E
	4	5	5
+	2	4	8

	H	Z	E
	7	2	7
+	1	7	3

	H	Z	E
	5	3	5
+	2	7	9

2 a)

	H	Z	E
	2	6	2
+	4	8	9

	H	Z	E
	7	3	9
+	1	9	2

	H	Z	E
	4	5	8
+	3	7	3

	H	Z	E
	3	8	6
+	2	2	8

	H	Z	E
	5	9	6
+	3	3	6

b)

	H	Z	E
	1	5	8
+	7	4	2

	H	Z	E
	3	7	4
+	5	8	6

	H	Z	E
	6	0	7
+	1	9	5

	H	Z	E
	2	9	3
+	2	0	7

	H	Z	E
	4	3	9
+	1	6	7

c)

	H	Z	E
	7	8	3
+		7	9

	H	Z	E
	8	9	6
+		5	5

	H	Z	E
	5	4	9
+		6	7

	H	Z	E
		9	8
+	6	1	3

	H	Z	E
		8	2
+	4	5	9

3 Schreibe stellengerecht untereinander. Rechne schriftlich.

475 + 288 109 + 593 276 + 344 198 + 507 859 + 68

Schriftlich addieren mit drei Zahlen

1 a)

	H	Z	E
	2	5	3
+	3	1	2
+	1	2	4

	H	Z	E
	1	3	5
+	5	2	6
+	3	1	7

	H	Z	E
	3	2	9
+	2	0	4
+	4	3	3

b)

	H	Z	E
	5	7	2
+	1	3	4
+	2	4	1

	H	Z	E
	2	6	3
+	3	0	2
+	2	9	1

	H	Z	E
	4	3	5
+	2	5	6
+	1	7	4

	H	Z	E
	1	8	6
+	4	4	4
+	2	5	0

2 a)

	H	Z	E
	1	2	3
+	3	4	2
+	3	2	4

	H	Z	E
	4	0	2
+	2	5	4
+	1	4	3

	H	Z	E
	3	1	9
+	1	3	8
+	2	1	2

	H	Z	E
	5	3	7
+	1	2	6
+	2	0	5

	H	Z	E
	1	7	5
+	4	5	0
+	2	3	1

b)

	H	Z	E
	2	6	5
+	3	4	7
+	1	3	2

	H	Z	E
	1	1	2
+	5	8	9
+	1	1	0

	H	Z	E
	6	5	8
+	2	2	7
+		9	5

	H	Z	E
	3	7	6
+		6	4
+	2	1	4

	H	Z	E
	5	4	2
+		5	7
+		3	9

3 Schreibe stellengerecht untereinander. Rechne schriftlich.

461 + 223 + 146   280 + 106 + 187   321 + 66 + 154   659 + 38 + 72

Schriftlich addieren: Fehlersuche

○ **1** Kontrolliere die Ergebnisse. Finde Rechenfehler und korrigiere sie.

a)

	H	Z	E
	3	4	3
+	2	2	6
	~~5~~	~~6~~	~~8~~
	5	6	9

	H	Z	E
	4	6	8
+	2	1	0
	6	7	8

	H	Z	E
	8	3	7
+	1	5	2
	9	8	9

b)

	H	Z	E
	2	3	6
+	4	5	7
	6	8	3

	H	Z	E
	5	1	9
+	3	7	1
	8	9	0

	H	Z	E
	1	4	8
+	7	3	5
	9	8	3

c)

	H	Z	E
	6	7	4
+	2	3	3
	8	0	7

	H	Z	E
	1	8	3
+	5	2	0
	7	0	3

	H	Z	E
	7	5	5
+	1	6	4
	9	2	9

	H	Z	E
	3	9	6
+	4	7	2
	8	6	8

d)

	H	Z	E
	5	7	9
+	2	6	8
	7	4	7

	H	Z	E
	8	1	4
+		9	6
	9	0	0

	H	Z	E
	2	9	5
+	3	8	4
	6	7	9

	H	Z	E
	7	6	7
+		3	4
	8	0	1

e)

	H	Z	E
	2	7	5
+	3	1	3
+	1	1	4
	6	0	2

	H	Z	E
	4	0	5
+	1	2	2
+	2	8	7
	8	1	3

	H	Z	E
	1	6	3
+	6	7	1
+		2	9
	8	6	3

	H	Z	E
	5	4	7
+		8	3
+	3	5	6
	9	7	6

f)

	H	Z	E
	1	0	7
+	3	2	4
+	1	0	2
	5	0	3

	H	Z	E
	1	3	3
+	2	5	6
+	3	2	9
	6	0	8

	H	Z	E
	2	9	9
+		8	7
+	2	4	8
	5	2	4

	H	Z	E
	4	6	2
+	1	0	4
+	3	7	0
	9	3	6

Schriftlich subtrahieren ohne Übertrag

1 a)

	H	Z	E
	4	8	6
−	2	3	2

	H	Z	E
	7	6	3
−	4	4	1

	H	Z	E
	5	9	5
−	3	6	2

b)

	H	Z	E
	8	9	4
−	7	8	1

	H	Z	E
	6	7	5
−	2	3	4

	H	Z	E
	9	8	3
−	5	2	3

	H	Z	E
	3	5	9
−	1	5	7

2 a)

	H	Z	E
	5	6	8
−	3	4	6

	H	Z	E
	3	9	4
−	1	5	3

	H	Z	E
	8	5	7
−	4	1	4

	H	Z	E
	9	8	5
−	8	7	1

	H	Z	E
	6	7	9
−	2	1	8

b)

	H	Z	E
	7	8	6
−	5	3	2

	H	Z	E
	4	9	3
−	3	2	3

	H	Z	E
	9	1	8
−	2	0	6

	H	Z	E
	6	4	5
−	1	1	5

	H	Z	E
	8	5	6
−	7	5	4

c)

	H	Z	E
	8	7	5
−	8	2	1

	H	Z	E
	5	6	6
−	5	1	6

	H	Z	E
	4	9	8
−	4	9	5

	H	Z	E
	7	8	9
−		2	4

	H	Z	E
	2	6	7
−		3	6

3 Schreibe stellengerecht untereinander. Rechne schriftlich.

392 – 261 587 – 407 999 – 555 768 – 718 655 – 54

○ **1** a)

	H	Z	E
	6	8	2
−	4	1	5

	H	Z	E
	8	7	4
−	5	5	6

	H	Z	E
	9	5	1
−	4	2	8

b)

	H	Z	E
	5	6	3
−	2	5	7

	H	Z	E
	7	5	9
−	3	6	3

	H	Z	E
	4	2	6
−	1	3	1

	H	Z	E
	6	4	1
−	3	9	1

○ **2** a)

	H	Z	E
	4	8	3
−	2	1	5

	H	Z	E
	7	9	5
−	6	7	8

	H	Z	E
	5	6	2
−	1	4	4

	H	Z	E
	8	7	6
−	3	2	7

	H	Z	E
	6	6	1
−		3	2

b)

	9	2	8
−	5	3	4

	3	3	4
−	2	6	0

	8	3	5
−	4	7	1

	2	1	9
−	1	5	5

	7	5	6
−		8	8

c)

	3	1	6
−	2	7	3

	5	7	3
−	4	1	9

	8	3	6
−	4	2	7

	6	9	3
−	5	8	4

	9	7	8
−	6	9	3

○ **3** Schreibe stellengerecht untereinander. Rechne schriftlich.

777 − 368   946 − 580   245 − 162   619 − 447   238 − 19

Schriftlich subtrahieren mit zwei Überträgen

1 a)

H	Z	E
5	4	6
− 3	8	7

H	Z	E
7	2	5
− 2	3	9

H	Z	E
4	1	3
− 1	9	6

b)

H	Z	E
9	3	2
− 6	7	6

H	Z	E
6	5	1
− 3	8	9

H	Z	E
3	5	7
− 1	6	8

H	Z	E
8	6	4
− 7	9	7

2 a)

H	Z	E
9	5	3
− 2	8	4

H	Z	E
3	6	4
− 1	7	7

H	Z	E
6	3	8
− 3	4	9

H	Z	E
8	1	6
− 4	3	8

H	Z	E
7	4	5
− 1	6	6

b)

5	3	1
− 4	4	2

9	7	2
− 8	9	5

7	2	4
− 6	8	7

2	1	6
−	5	9

4	3	1
−	6	2

c)

8	2	3
− 6	4	5

7	3	8
− 4	5	9

9	6	8
− 2	6	9

3	0	2
− 1	7	3

6	0	7
− 4	2	8

3 Schreibe stellengerecht untereinander. Rechne schriftlich.

538 − 179   765 − 487   934 − 395   626 − 578   812 − 93

Schriftlich subtrahieren mit Nullen

○ **1** a)

H	Z	E
3	5	0
− 1	2	8

H	Z	E
6	8	0
− 2	6	4

H	Z	E
5	9	0
− 3	5	2

b)

807 − 423

904 − 731

705 − 142

409 − 269

○ **2** a)

H	Z	E
4	8	0
− 1	5	9

H	Z	E
7	6	0
− 3	3	2

H	Z	E
9	4	0
− 6	1	7

H	Z	E
5	7	0
− 2	6	6

H	Z	E
8	9	0
−	7	8

b)

602 − 281

904 − 594

708 − 463

309 − 272

406 − 37

c)

503 − 296

205 − 196

804 − 635

702 − 519

607 − 308

○ **3** Schreibe stellengerecht untereinander. Rechne schriftlich.

960 − 732   370 − 151   560 − 258   509 − 465   808 − 43

1 Kontrolliere die Ergebnisse. Finde Rechenfehler und korrigiere sie.

a)

	H	Z	E
	4	7	9
−	2	4	2
	~~2~~	~~2~~	~~1~~
	2	3	7

	H	Z	E
	8	6	3
−	5	2	1
	2	4	2

	H	Z	E
	7	8	4
−	6	5	4
	1	3	0

b)

	H	Z	E
	5	9	2
−	3	8	0
	2	1	2

	H	Z	E
	9	7	5
−	7	7	3
	1	0	2

	H	Z	E
	3	9	8
−		6	5
	3	3	3

2 a)

	6	8	1
−	4	5	4
	2	3	3

	9	7	6
−	3	3	8
	6	4	6

	4	3	2
−	2	9	0
	1	4	2

	2	5	1
−	1	7	1
		2	0

b)

	5	4	0
−	2	1	7
	3	2	3

	8	6	0
−	5	5	9
	3	0	1

	3	0	7
−	1	4	5
	2	4	2

	7	0	9
−	4	6	8
	3	4	1

c)

	9	3	5
−	5	4	7
	4	1	2

	6	5	2
−	1	6	9
	4	8	3

	2	7	1
−		9	8
	1	7	3

	4	6	4
−		7	6
	3	0	8

d)

	6	0	3
−	1	7	9
	4	2	4

	4	3	6
−	2	0	9
	2	3	3

	8	1	8
−	5	2	8
	3	9	0

	7	1	4
−	3	0	8
	4	0	6

1

a)

361	249	538	761	497
+ 527	+ 636	+ 325	+ 194	+ 422

b)

188	657	366	492	585
+ 722	+ 147	+ 468	+ 89	+ 46

2

a)

693	872	533	915	764
− 541	− 224	− 117	− 632	− 484

b)

451	326	670	508	962
− 273	− 197	− 514	− 287	− 69

3 Schreibe stellengerecht untereinander. Rechne schriftlich.

298 + 375   847 + 63   942 − 583   416 − 77

4 Kontrolliere die Ergebnisse. Finde Rechenfehler und korrigiere sie.

a)

246	439
+ 539	+ 261
775	690

b)

975	542
− 328	− 329
653	223

Wie erfolgreich hast du gearbeitet?
Male den passenden Raben aus.

1 a)

·	2	4	3
1			
2			
5			
10			

·	5	7	9
2			
10			
1			
5			

·	6	10	8
5			
1			
10			
2			

2 Rechne auch die Tauschaufgabe.

3 · 4 = ___
4 · 3 = ___

4 · 6 = ___
__ · __ = ___

7 · 3 = ___
__ · __ = ___

6 · 8 = ___
__ · __ = ___

8 · 3 = ___
__ · __ = ___

4 · 9 = ___
__ · __ = ___

9 · 8 = ___
__ · __ = ___

7 · 7 = ___
__ · __ = ___

3

3 · 3 = ___
6 · 6 = ___
9 · 9 = ___
8 · 8 = ___

8 · 3 = ___
6 · 3 = ___
5 · 3 = ___
9 · 3 = ___

4 · 7 = ___
6 · 7 = ___
9 · 7 = ___
8 · 7 = ___

3 · 6 = ___
7 · 6 = ___
8 · 6 = ___
9 · 6 = ___

7 · 4 = ___
9 · 4 = ___
8 · 4 = ___
5 · 4 = ___

6 · 8 = ___
9 · 8 = ___
7 · 8 = ___
5 · 8 = ___

8 · 9 = ___
6 · 9 = ___
3 · 9 = ___
7 · 9 = ___

8 · 2 = ___
6 · 4 = ___
5 · 6 = ___
4 · 8 = ___

4

6 = 2 · 3
12 = __ · 3
21 = __ · 3
27 = __ · 3

12 = __ · 6
30 = __ · 6
42 = __ · 6
36 = __ · 6

24 = __ · 8
56 = __ · 8
80 = __ · 8
64 = __ · 8

18 = __ · 9
36 = __ · 9
54 = __ · 9
72 = __ · 9

35 = __ · 7
56 = __ · 7
28 = __ · 7
63 = __ · 7

40 = __ · 4
24 = __ · 4
32 = __ · 4
28 = __ · 4

30 = __ · 10
30 = __ · 5
30 = __ · 6
30 = __ · 3

24 = __ · 3
24 = __ · 6
24 = __ · 8
24 = __ · 4

1

3 · 1 = ___

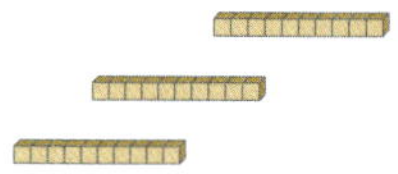

3 · 10 = ___

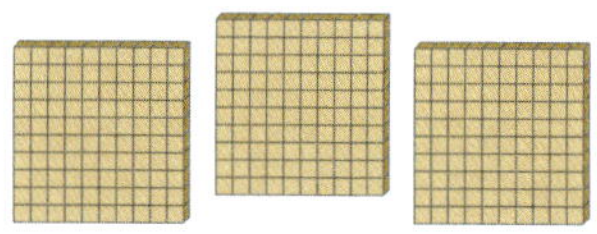

3 · 100 = ___

___ · ___ = ___

___ · ___ = ___

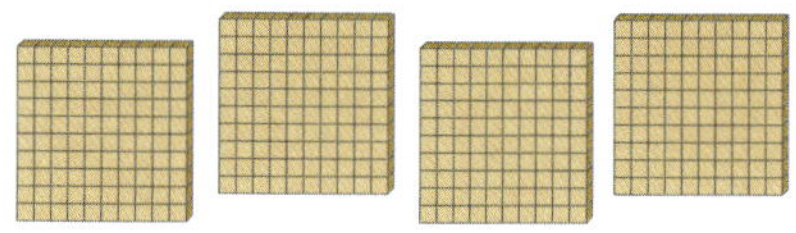

___ · ___ = ___

2

5 · 1 = ___	7 · 1 = ___	9 · 1 = ___	6 · 1 = ___
5 · 10 = ___	7 · 10 = ___	9 · 10 = ___	6 · 10 = ___
5 · 100 = ___	7 · 100 = ___	9 · 100 = ___	6 · 100 = ___

2 · 1 = ___	8 · 1 = ___
2 · 10 = ___	8 · 10 = ___
2 · 100 = ___	8 · 100 = ___

3

10 · 10 = ___	50 · 10 = ___	11 · 10 = ___	35 · 10 = ___
20 · 10 = ___	90 · 10 = ___	21 · 10 = ___	67 · 10 = ___
40 · 10 = ___	70 · 10 = ___	41 · 10 = ___	89 · 10 = ___
80 · 10 = ___	30 · 10 = ___	61 · 10 = ___	54 · 10 = ___

4

30 · 10 = ___	10 · 10 = ___	40 · 10 = ___	0 · 10 = ___
3 · 100 = ___	1 · 100 = ___	4 · 100 = ___	0 · 100 = ___

5 Rechne auch die Tauschaufgabe.

40 · 10 = ___	26 · 10 = ___	91 · 10 = ___	33 · 10 = ___
10 · 40 = ___	___ · ___ = ___	___ · ___ = ___	___ · ___ = ___
25 · 10 = ___	69 · 10 = ___	78 · 10 = ___	55 · 10 = ___
___ · ___ = ___	___ · ___ = ___	___ · ___ = ___	___ · ___ = ___

9 · 100 = ___	4 · 100 = ___	8 · 100 = ___
___ · ___ = ___	___ · ___ = ___	___ · ___ = ___

Multiplizieren mit Zehnerzahlen

1

1 · 3 = ___

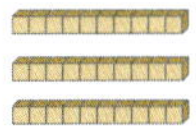

1 · 30 = ___

1 · 4 = ___

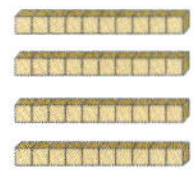

1 · 40 = ___

2 · 3 = ___

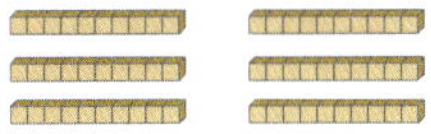

2 · 30 = ___

2 · ___ = ___

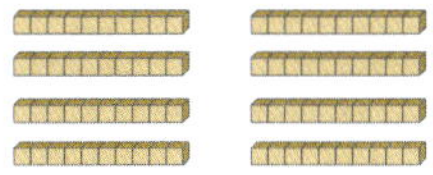

2 · ___ = ___

___ · ___ = ___

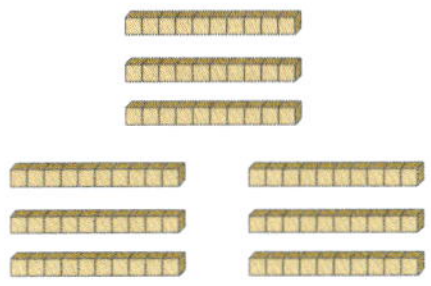

___ · ___ = ___

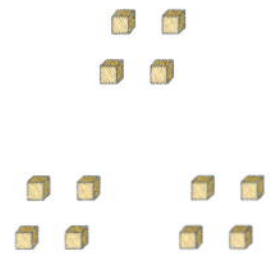

___ · ___ = ___

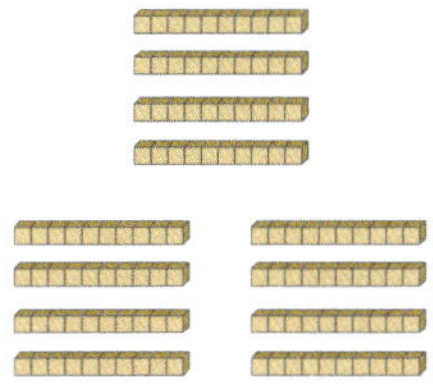

___ · ___ = ___

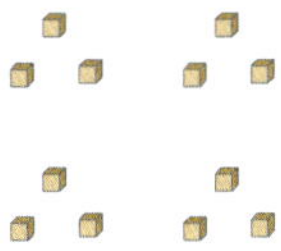

___ · ___ = ___

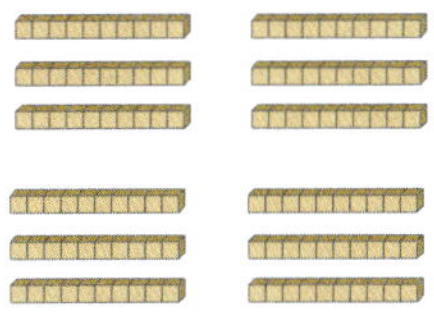

___ · ___ = ___

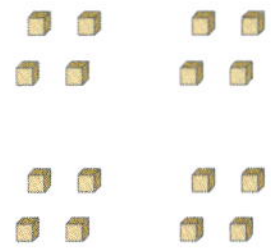

___ · ___ = ___

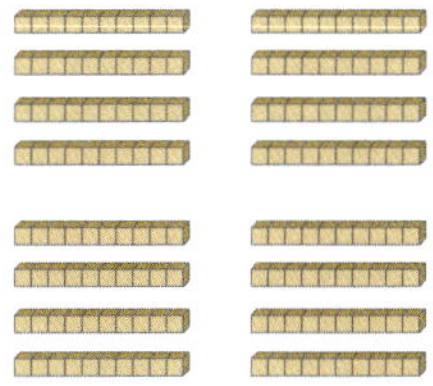

___ · ___ = ___

2

2 · 2 = ___	3 · 2 = ___	4 · 2 = ___	5 · 2 = ___
2 · 20 = ___	3 · 20 = ___	4 · 20 = ___	5 · 20 = ___
2 · 5 = ___	3 · 5 = ___	4 · 5 = ___	5 · 5 = ___
2 · 50 = ___	3 · 50 = ___	4 · 50 = ___	5 · 50 = ___
2 · 6 = ___	3 · 6 = ___	4 · 6 = ___	5 · 6 = ___
2 · 60 = ___	3 · 60 = ___	4 · 60 = ___	5 · 60 = ___
2 · 7 = ___	3 · 7 = ___	4 · 7 = ___	5 · 7 = ___
2 · 70 = ___	3 · 70 = ___	4 · 70 = ___	5 · 70 = ___
2 · 8 = ___	3 · 8 = ___	4 · 8 = ___	5 · 8 = ___
2 · 80 = ___	3 · 80 = ___	4 · 80 = ___	5 · 80 = ___
2 · 9 = ___	3 · 9 = ___	4 · 9 = ___	5 · 9 = ___
2 · 90 = ___	3 · 90 = ___	4 · 90 = ___	5 · 90 = ___

Multiplizieren mit Zehnerzahlen

1 Ergänze die passenden Aufgaben mit Zehnerzahlen. Rechne.

6 · 2 = ___
6 · 20 = ___

7 · 2 = ___
7 · ___ = ___

8 · 2 = ___
___ · ___ = ___

6 · 3 = ___
___ · ___ = ___

7 · 3 = ___
___ · ___ = ___

8 · 3 = ___
___ · ___ = ___

6 · 4 = ___
___ · ___ = ___

7 · 4 = ___
___ · ___ = ___

8 · 4 = ___
___ · ___ = ___

2

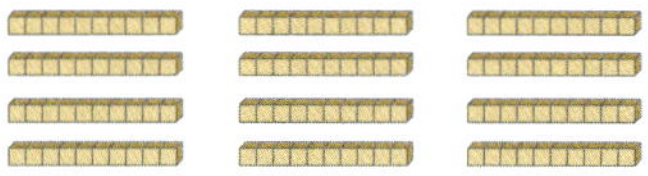

3 · 40 = ___

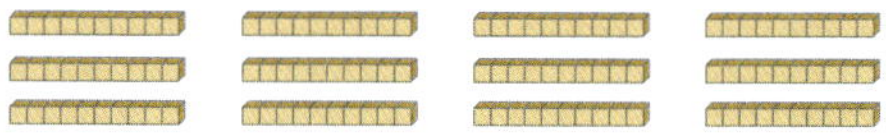

4 · ___ = ___

2 · 40 = ___
4 · 20 = ___

5 · 30 = ___
3 · 50 = ___

4 · 90 = ___
9 · 40 = ___

6 · 50 = ___
5 · 60 = ___

3 · 70 = ___
7 · 30 = ___

8 · 60 = ___
6 · 80 = ___

7 · 80 = ___
8 · 70 = ___

9 · 70 = ___
7 · 90 = ___

3 Rechne Tauschaufgaben.

7 · 20 = ___
20 · 7 = ___

8 · 30 = ___
30 · 8 = ___

5 · 50 = ___
50 · 5 = ___

6 · 90 = ___
90 · 6 = ___

9 · 40 = ___
40 · 9 = ___

4 · 70 = ___
70 · 4 = ___

7 · 60 = ___
60 · 7 = ___

8 · 80 = ___
80 · 8 = ___

5 · 70 = ___
70 · 5 = ___

9 · 50 = ___
50 · 9 = ___

7 · 70 = ___
70 · 7 = ___

5 · 80 = ___
80 · 5 = ___

4

2 · 60 = ___
6 · 20 = ___
20 · 6 = ___
60 · 2 = ___

2 · 90 = ___
9 · 20 = ___
20 · 9 = ___
90 · 2 = ___

3 · 60 = ___
6 · 30 = ___
30 · 6 = ___
60 · 3 = ___

3 · 90 = ___
9 · 30 = ___
30 · 9 = ___
90 · 3 = ___

1

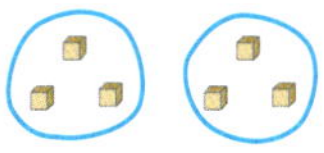
6 : 2 = 3

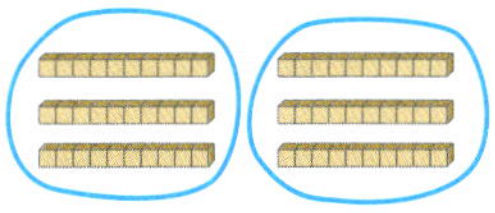
60 : 2 = 30

8 : 2 = ___

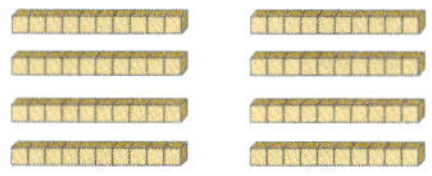
80 : 2 = ___

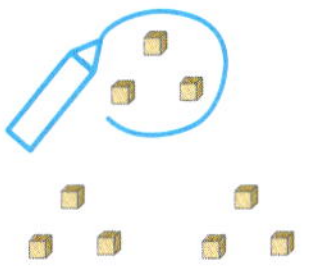
9 : 3 = ___

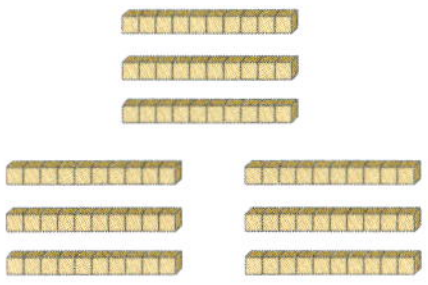
___ : 3 = ___

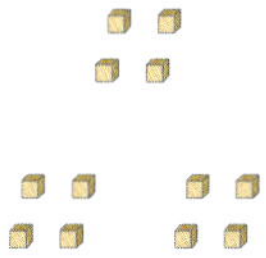
___ : 3 = ___

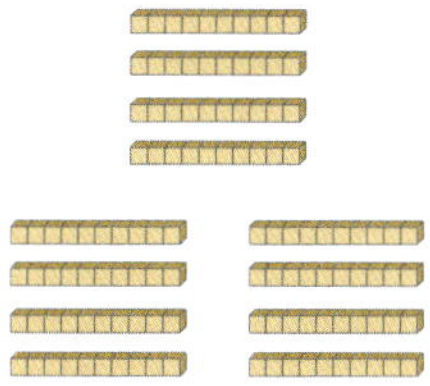
___ : 3 = ___

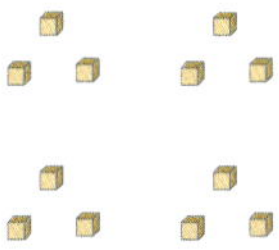
___ : 4 = ___

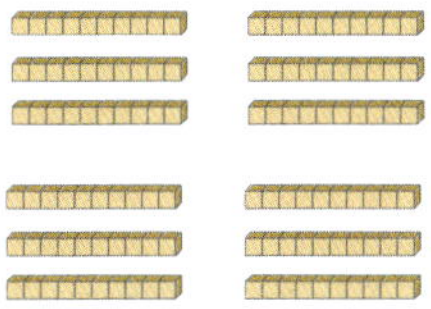
___ : 4 = ___

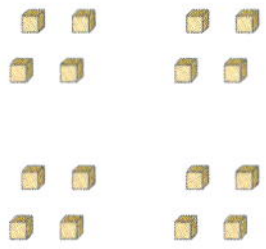
___ : 4 = ___

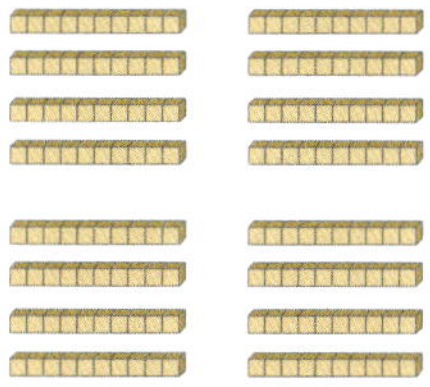
___ : 4 = ___

2

4 : 2 = ___
40 : 2 = ___

10 : 2 = ___
100 : 2 = ___

12 : 2 = ___
120 : 2 = ___

14 : 2 = ___
140 : 2 = ___

10 : 5 = ___
100 : 5 = ___

15 : 5 = ___
150 : 5 = ___

20 : 5 = ___
200 : 5 = ___

25 : 5 = ___
250 : 5 = ___

28 : 7 = ___
280 : 7 = ___

35 : 7 = ___
350 : 7 = ___

42 : 7 = ___
420 : 7 = ___

49 : 7 = ___
490 : 7 = ___

3 Ergänze die passenden Aufgaben mit Zehnerzahlen. Rechne.

18 : 3 = ___
180 : 3 = ___

24 : 3 = ___
___ : ___ = ___

20 : 4 = ___
___ : ___ = ___

28 : 4 = ___
___ : ___ = ___

12 : 6 = ___
120 : ___ = ___

18 : 6 = ___
___ : ___ = ___

16 : 8 = ___
___ : ___ = ___

32 : 8 = ___
___ : ___ = ___

14 : 7 = ___
___ : ___ = ___

21 : 7 = ___
___ : ___ = ___

27 : 9 = ___
___ : ___ = ___

63 : 9 = ___
___ : ___ = ___

1

4 : 2 = 2
40 : 20 = 2

12 : 2 = ___
120 : 20 = ___

14 : 2 = ___
140 : 20 = ___

12 : 3 = ___
120 : 30 = ___

21 : 3 = ___
210 : 30 = ___

27 : 3 = ___
270 : 30 = ___

20 : 4 = ___
200 : 40 = ___

24 : 4 = ___
240 : 40 = ___

32 : 4 = ___
320 : 40 = ___

36 : 4 = ___
360 : 40 = ___

2 Ergänze die passenden Aufgaben mit Zehnerzahlen. Rechne.

10 : 5 = ___
100 : 50 = ___

15 : 5 = ___
150 : ___ = ___

20 : 5 = ___
___ : ___ = ___

12 : 6 = ___
120 : ___ = ___

18 : 6 = ___
___ : ___ = ___

24 : 6 = ___
___ : ___ = ___

14 : 7 = ___
___ : ___ = ___

21 : 7 = ___
___ : ___ = ___

28 : 7 = ___
___ : ___ = ___

3

12 : 4 = ___
120 : 4 = ___
120 : 40 = ___

16 : 4 = ___
160 : 4 = ___
160 : 40 = ___

15 : 3 = ___
150 : 3 = ___
150 : 30 = ___

24 : 3 = ___
240 : 3 = ___
240 : 30 = ___

16 : 8 = ___
160 : 8 = ___
160 : 80 = ___

24 : 8 = ___
240 : 8 = ___
240 : 80 = ___

18 : 9 = ___
180 : 9 = ___
180 : 90 = ___

27 : 9 = ___
270 : 9 = ___
270 : 90 = ___

4

300 : 50 = ___
350 : 50 = ___
400 : 50 = ___
450 : 50 = ___

360 : 60 = ___
420 : 60 = ___
480 : 60 = ___
540 : 60 = ___

420 : 70 = ___
490 : 70 = ___
560 : 70 = ___
630 : 70 = ___

480 : 80 = ___
560 : 80 = ___
640 : 80 = ___
720 : 80 = ___

5

270 : 30 = ___
240 : 60 = ___
250 : 50 = ___

480 : 60 = ___
560 : 70 = ___
360 : 90 = ___

540 : 60 = ___
300 : 50 = ___
320 : 80 = ___

720 : 90 = ___
270 : 90 = ___
200 : 50 = ___

1

350

5 70

5 · 70 = 350
70 · 5 = ___
350 : 70 = ___
350 : ___ = ___

7 50

7 · 50 = 350
50 · 7 = ___
350 : 50 = ___
350 : ___ = ___

80

2 40

___ · ___ = ___
___ · ___ = ___
___ : ___ = ___
___ : ___ = ___

4 20

___ · ___ = ___
___ · ___ = ___
___ : ___ = ___
___ : ___ = ___

270

3 90

___ · ___ = ___
___ · ___ = ___
___ : ___ = ___
___ : ___ = ___

9 30

___ · ___ = ___
___ · ___ = ___
___ : ___ = ___
___ : ___ = ___

480

8 60

___ · ___ = ___
___ · ___ = ___
___ : ___ = ___
___ : ___ = ___

6 80

___ · ___ = ___
___ · ___ = ___
___ : ___ = ___
___ : ___ = ___

○ **1**

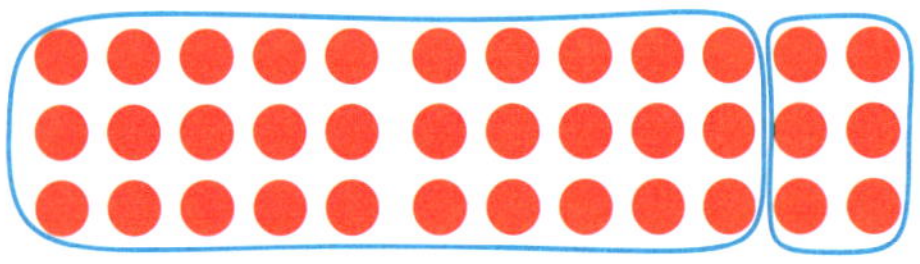

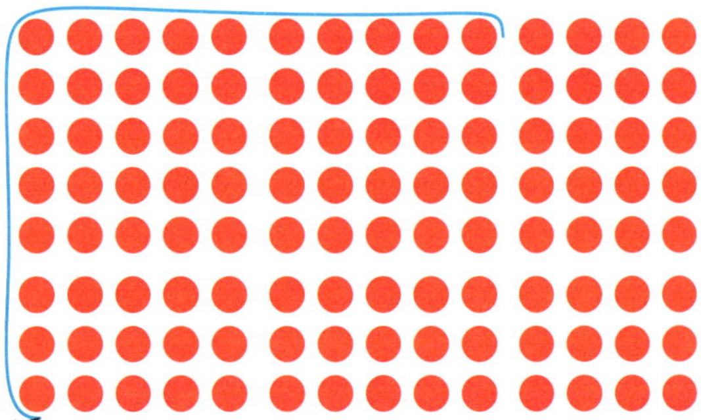

3 · 12 = ___

3 · 10 = 30

3 · 2 = ___

30 + ___ = ___

8 · ___ = ___

8 · 10 = ___

___ · ___ = ___

___ + ___ = ___

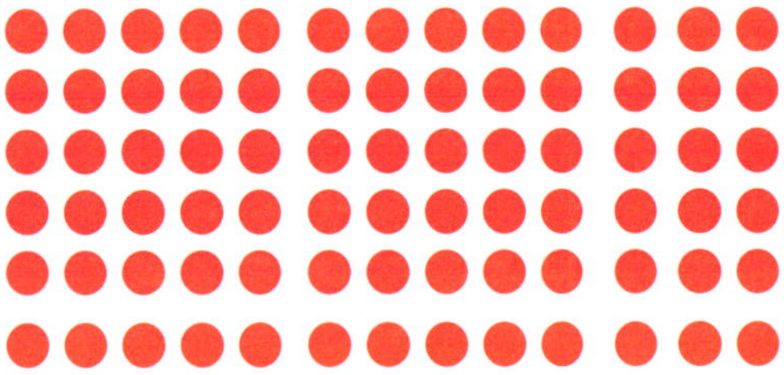

___ · ___ = ___

___ · ___ = ___

___ · ___ = ___

___ + ___ = ___

___ · ___ = ___

___ · ___ = ___

___ · ___ = ___

___ + ___ = ___

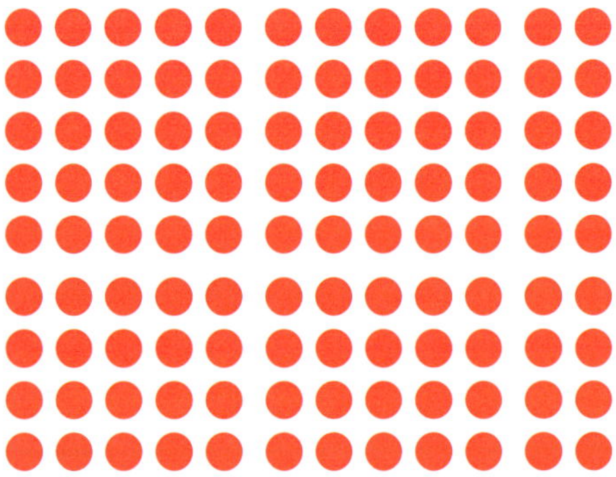

___ · ___ = ___

___ · ___ = ___

___ · ___ = ___

___ + ___ = ___

___ · ___ = ___

___ · ___ = ___

___ · ___ = ___

___ + ___ = ___

1 Schreibe deine Rechnung auf.

3 · 17 =	3 · 27 =	3 · 37 =
3 · 10 = 30	3 · 20 =	3 · 30 =
3 · 7 =	3 · 7 =	3 · =
30 +		
4 · 13 =	4 · 23 =	4 · 33 =
4 · 10 =	4 · 20 =	4 · =
4 · 3 =	4 · =	4 · =
6 · 15 =	6 · 25 =	6 · 35 =
2 · 19 =	2 · 29 =	2 · 39 =
5 · 16 =	5 · 26 =	5 · 36 =

2

1 · 11 = ___	1 · 12 = ___	1 · 15 = ___	1 · 18 = ___
2 · 11 = ___	2 · 12 = ___	2 · 15 = ___	2 · 18 = ___
3 · 11 = ___	3 · 12 = ___	3 · 15 = ___	3 · 18 = ___
5 · 11 = ___	5 · 12 = ___	5 · 15 = ___	5 · 18 = ___
1 · 21 = ___	1 · 22 = ___	1 · 25 = ___	1 · 28 = ___
2 · 21 = ___	2 · 22 = ___	2 · 25 = ___	2 · 28 = ___
3 · 21 = ___	3 · 22 = ___	3 · 25 = ___	3 · 28 = ___
5 · 21 = ___	5 · 22 = ___	5 · 25 = ___	5 · 28 = ___

1

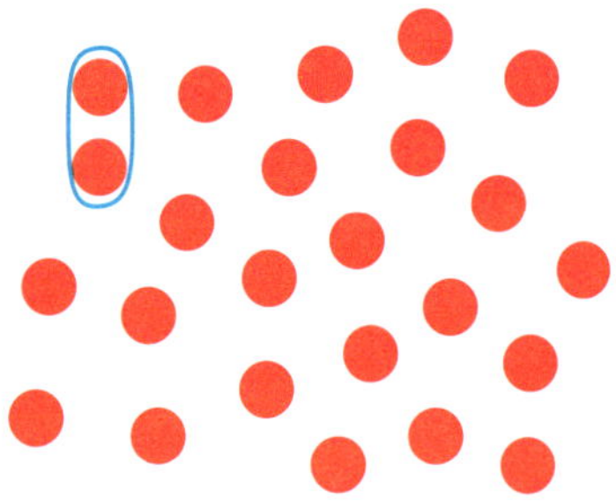

24 : 2 = ___

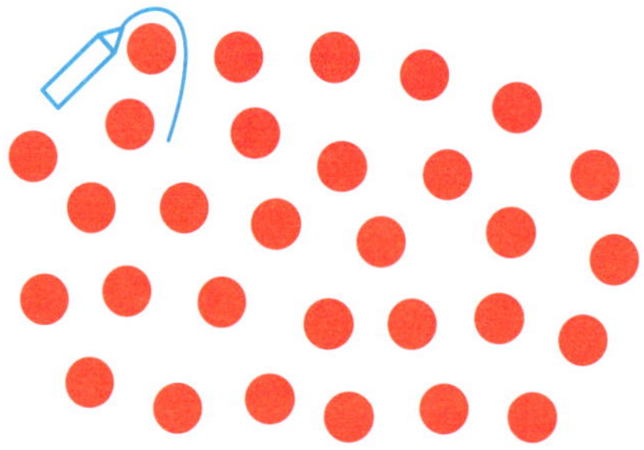

___ : 2 = ___

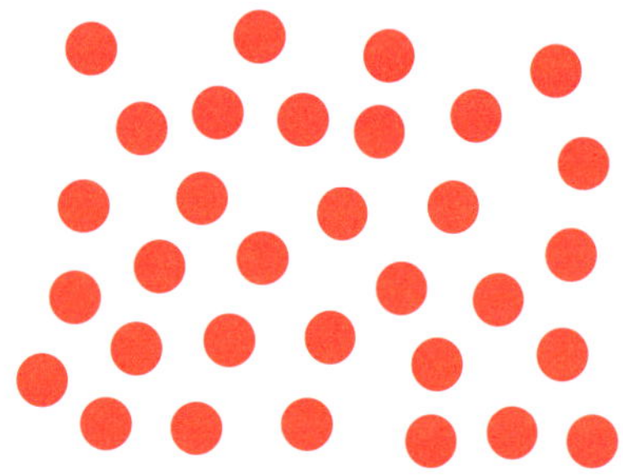

___ : 2 = ___

33 : 3 = ___

___ : 3 = ___

___ : 3 = ___

2

24 : 2 = ___
20 : 2 = 10
4 : 2 = ___
10 + ___ = ___

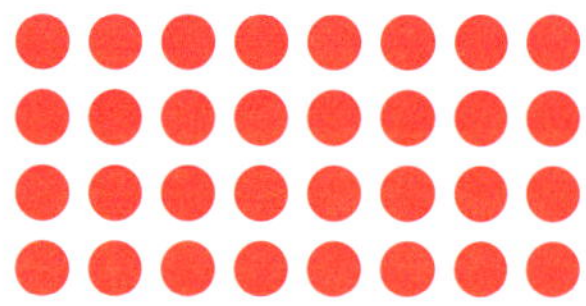

32 : 2 = ___
20 : ___ = ___
___ : ___ = ___
___ + ___ = ___

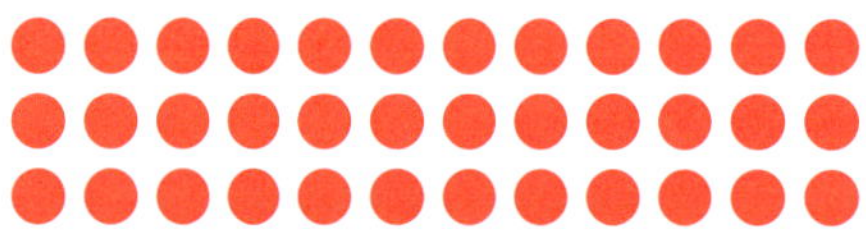

36 : 3 = ___
30 : 3 = ___
___ : ___ = ___
___ + ___ = ___

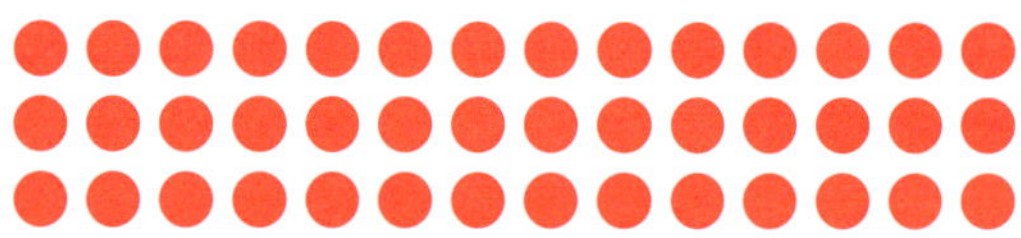

42 : 3 = ___
30 : ___ = ___
___ : ___ = ___
___ + ___ = ___

1 Schreibe deine Rechnung auf.

26 : 2 =
20 : 2 = 10
6 : 2 = 3
10 + 3 =

32 : 2 =
20 : 2 =
12 : 2 =

34 : 2 =
20 : 2 =
: =

36 : 3 =
30 : 3 =
6 : 3 =

42 : 3 =
30 : 3 =
12 : =

48 : 3 =
30 : =
=

48 : 4 =

52 : 4 =

60 : 4 =

55 : 5 =

65 : 5 =

80 : 5 =

72 : 6 =

78 : 6 =

84 : 6 =

2

20 : 2 = ____	30 : 2 = ____	30 : 3 = ____	45 : 3 = ____
22 : 2 = ____	32 : 2 = ____	33 : 3 = ____	48 : 3 = ____
24 : 2 = ____	36 : 2 = ____	36 : 3 = ____	54 : 3 = ____
28 : 2 = ____	38 : 2 = ____	39 : 3 = ____	57 : 3 = ____
40 : 4 = ____	64 : 4 = ____	50 : 5 = ____	75 : 5 = ____
44 : 4 = ____	68 : 4 = ____	55 : 5 = ____	85 : 5 = ____
48 : 4 = ____	72 : 4 = ____	60 : 5 = ____	90 : 5 = ____
56 : 4 = ____	76 : 4 = ____	70 : 5 = ____	95 : 5 = ____

1

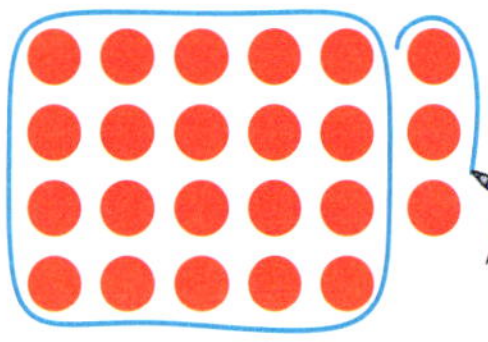

23 : 2 = ___ R ___
20 : 2 = 10
3 : 2 = ___ R ___

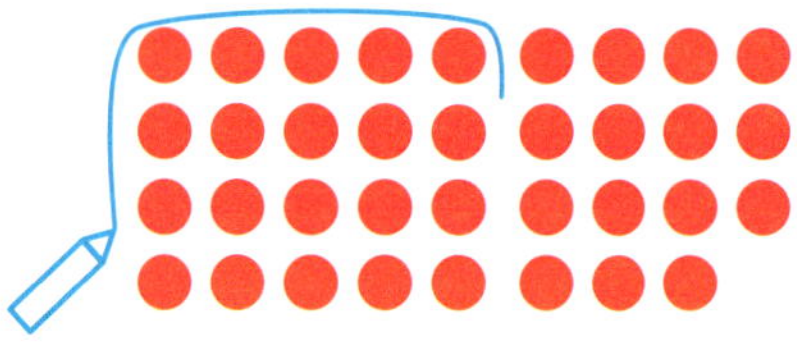

35 : 2 = ___ R ___
20 : 2 = 10
___ : ___ = ___ R ___

2 Schreibe deine Rechnung auf.

29 : 2 = R
20 : 2 =
9 : 2 =

31 : 2 = R
20 : 2 =
11 : =

37 : 2 = R
20 : 2 =

34 : 3 = R
30 : 3 =

41 : 3 = R

56 : 3 = R

47 : 4 = R

54 : 4 = R

69 : 4 = R

3

40 : 4 = 10	50 : 5 = ___	60 : 6 = ___	80 : 8 = ___
41 : 4 = 10 R 1	51 : 5 = ___	61 : 6 = ___	81 : 8 = ___
42 : 4 = ___	52 : 5 = ___	63 : 6 = ___	84 : 8 = ___
43 : 4 = ___	54 : 5 = ___	65 : 6 = ___	87 : 8 = ___
44 : 4 = ___	55 : 5 = ___	66 : 6 = ___	88 : 8 = ___
70 : 7 = ___	30 : 3 = ___	90 : 9 = ___	100 : 10 = ___
72 : 7 = ___	32 : 3 = ___	93 : 9 = ___	102 : 10 = ___
74 : 7 = ___	34 : 3 = ___	96 : 9 = ___	104 : 10 = ___
76 : 7 = ___	36 : 3 = ___	99 : 9 = ___	106 : 10 = ___
78 : 7 = ___	38 : 3 = ___	102 : 9 = ___	108 : 10 = ___

1 Schreibe deine Rechnung auf.

25 : 2 = R	27 : 2 = R	35 : 2 = R
20 : 2 = 10	20 : 2 =	20 : 2 =
32 : 3 = R	37 : 3 = R	46 : 3 = R
30 : 3 =	30 : 3 =	30 : 3 =
42 : 4 = R	47 : 4 = R	53 : 4 = R
40 : 4 =	40 : 4 =	40 : 4 =
53 : 5 = R	59 : 5 = R	62 : 5 = R
50 : 5 =	50 : 5 =	50 : 5 =

2

20 : 2 = 10	31 : 2 =	30 : 3 =	43 : 3 =
21 : 2 = 10 R 1	33 : 2 =	33 : 3 =	47 : 3 =
22 : 2 =	35 : 2 =	38 : 3 =	53 : 3 =
23 : 2 =	39 : 2 =	40 : 3 =	58 : 3 =
40 : 4 =	51 : 4 =	50 : 5 =	67 : 5 =
41 : 4 =	54 : 4 =	52 : 5 =	74 : 5 =
43 : 4 =	59 : 4 =	58 : 5 =	81 : 5 =
49 : 4 =	62 : 4 =	61 : 5 =	93 : 5 =

3

51 : 5 =	50 : 4 =	95 : 9 =
61 : 6 =	62 : 5 =	93 : 8 =
71 : 7 =	74 : 6 =	89 : 7 =
81 : 8 =	86 : 7 =	83 : 6 =

Wiederholung

1

30 · 10 = ___ 25 · 10 = ___ 46 · 10 = ___ 92 · 10 = ___

80 · 10 = ___ 72 · 10 = ___ 67 · 10 = ___ 77 · 10 = ___

2

200 : 10 = ___ 120 : 10 = ___ 720 : 10 = ___ 280 : 10 = ___

700 : 10 = ___ 380 : 10 = ___ 460 : 10 = ___ 990 : 10 = ___

500 : 10 = ___ 840 : 10 = ___ 370 : 10 = ___ 660 : 10 = ___

3

2 · 8 = ___ 3 · 9 = ___ 5 · 7 = ___ 8 · 6 = ___

2 · 80 = ___ 3 · 90 = ___ 5 · 70 = ___ 8 · 60 = ___

4 · 5 = ___ 6 · 4 = ___ 9 · 2 = ___ 7 · 3 = ___

4 · 50 = ___ 6 · 40 = ___ 9 · 20 = ___ 7 · 30 = ___

4 Schreibe deine Rechnung auf.

4 · 16 = 5 · 18 = 3 · 25 =

5

25 : 5 = ___ 18 : 3 = ___ 10 : 2 = ___ 28 : 7 = ___

250 : 5 = ___ 180 : 3 = ___ 100 : 2 = ___ 280 : 7 = ___

250 : 50 = ___ 180 : 30 = ___ 100 : 20 = ___ 280 : 70 = ___

36 : 4 = ___ 72 : 8 = ___ 48 : 6 = ___ 54 : 9 = ___

360 : 4 = ___ 720 : 8 = ___ 480 : 6 = ___ 540 : 9 = ___

360 : 40 = ___ 720 : 80 = ___ 480 : 60 = ___ 540 : 90 = ___

6 Schreibe deine Rechnung auf.

34 : 2 = 51 : 3 = 72 : 6 =

Wie erfolgreich hast du gearbeitet?
Male den passenden Raben aus.

1 Wie viel Geld ist es jeweils?

200 € + 100 € + ___ € = ___ €

___ € + ___ € + ___ € = ___ €

___ € + ___ € + ___ € = ___ €

___ € + ___ € + ___ € = ___ €

___ € + ___ € + ___ € = ___ €

___ € + ___ € + ___ € = ___ €

2 Mit welchen Scheinen kannst du die Beträge bezahlen? Zeichne.

100 €

700 €

700 €

450 €

180 €

275 €

145 €

1 Wie viel Geld ist es jeweils?

117 €

______ €

______ €

______ €

______ €

______ €

4 Mit welchen Scheinen und Münzen kannst du die Beträge bezahlen? Zeichne.

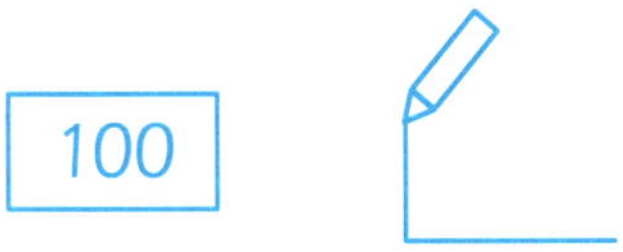

116 €

138 €

173 €

267 €

444 €

509 €

1 Wie viele Cent sind es jeweils?

1 € = 100 ct	3 € = ___ ct	7 € = ___ ct
1 € 40 ct = 140 ct	3 € 50 ct = ___ ct	7 € 80 ct = ___ ct
1 € 25 ct = ___ ct	3 € 62 ct = ___ ct	7 € 77 ct = ___ ct
1 € 73 ct = ___ ct	3 € 99 ct = ___ ct	7 € 96 ct = ___ ct
1 € 1 ct = ___ ct	3 € 8 ct = ___ ct	7 € 5 ct = ___ ct

2 Schreibe jeden Betrag in Euro und Cent.

130 ct = 1 € 30 ct	418 ct = ___ € ___ ct
154 ct = ___ € ___ ct	392 ct = ___ € ___ ct
270 ct = ___ € ___ ct	606 ct = ___ € ___ ct
235 ct = ___ € ___ ct	843 ct = ___ € ___ ct
501 ct = ___ € ___ ct	999 ct = ___ € ___ ct

3 Wie viel Geld ist es jeweils? Schreibe verschieden auf.

___ € ___ ct = ___ ct

___ € ___ ct = ___ ct

___ € ___ ct = ___ ct

4 Zeichne und ergänze.

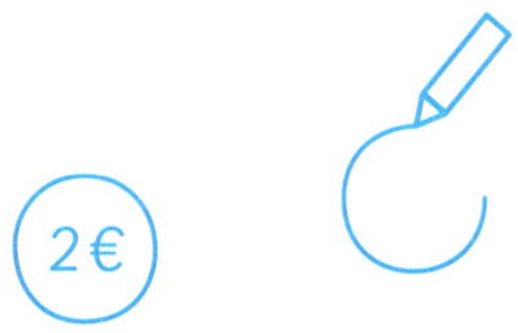

437 ct = 4 € 37 ct

395 ct = ___ € ___ ct

823 ct = ___ € ___ ct

1 Wie viele Zentimeter sind es?

1 m = 100 cm	1 m 5 cm = ___ cm	2 m 2 cm = ___ cm
2 m = ___ cm	1 m 7 cm = ___ cm	3 m 8 cm = ___ cm
5 m = ___ cm	1 m 10 cm = ___ cm	6 m 30 cm = ___ cm
8 m = ___ cm	1 m 74 cm = ___ cm	9 m 99 cm = ___ cm

2 Wie viele Meter und Zentimeter sind es?

102 cm = 1 m 2 cm	209 cm = ___ m ___ cm	219 cm = ___ m ___ cm
108 cm = ___ m ___ cm	507 cm = ___ m ___ cm	472 cm = ___ m ___ cm
120 cm = ___ m ___ cm	490 cm = ___ m ___ cm	888 cm = ___ m ___ cm
153 cm = ___ m ___ cm	650 cm = ___ m ___ cm	943 cm = ___ m ___ cm

3 Male gleiche Längen mit derselben Farbe an.

155 cm	7 m 68 cm	678 cm	6 m 78 cm	551 cm
687 cm	5 m 51 cm	786 cm	5 m 15 cm	7 m 86 cm
1 m 55 cm	515 cm	6 m 87 cm	768 cm	

4 Ergänze zum nächsten vollen Meter.

50 cm + 50 cm = 1 m	210 cm + ___ cm = 3 m	720 cm + ___ cm = 8 m
94 cm + ___ cm = 1 m	275 cm + ___ cm = 3 m	745 cm + ___ cm = 8 m
150 cm + ___ cm = 2 m	460 cm + ___ cm = 5 m	540 cm + ___ cm = 6 m
165 cm + ___ cm = 2 m	489 cm + ___ cm = 5 m	599 cm + ___ cm = 6 m

5 Kann das stimmen? Kreuze an.

	ja	nein
a) Maximilians kleine Schwester ist 98 cm groß.	☐	☐
b) Herrn Beckers Armspanne beträgt 470 cm.	☐	☐
c) Der Zaun vor unserer Schule ist 34 m lang.	☐	☐
d) Ron schafft mit 20 großen Schritten 100 m.	☐	☐
e) Frau Schulzes neuer Hund ist 25 cm hoch.	☐	☐
f) Annas Schulweg ist 850 m lang.	☐	☐
g) Dein Daumen ist 65 cm lang.	☐	☐

○ **1** Ergänze die fehlenden Angaben.

1 cm = 10 mm	1 cm 5 mm = ____ mm	20 mm = __ cm __ mm
4 cm = ____ mm	3 cm 8 mm = ____ mm	29 mm = __ cm __ mm
7 cm = ____ mm	9 cm 2 mm = ____ mm	51 mm = __ cm __ mm
10 cm = ____ mm	12 cm 7 mm = ____ mm	106 mm = ____ cm __ mm

○ **2** Ordne die Millimeterangaben zu.

5 mm | 30 mm | 55 mm | 78 mm | 94 mm | 126 mm | 143 mm

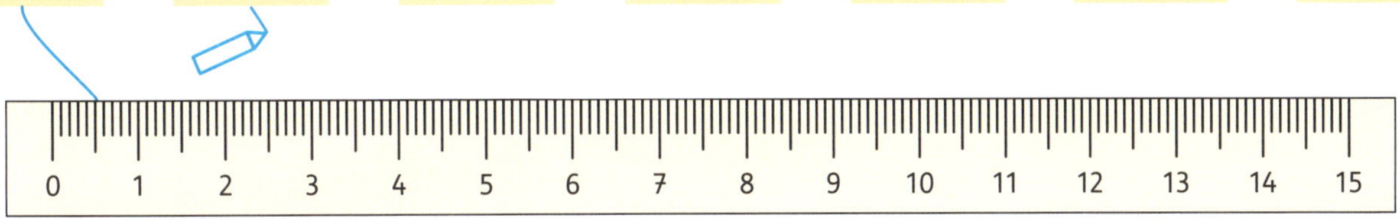

12 mm | ____ | ____ | ____ | ____ | ____ | ____

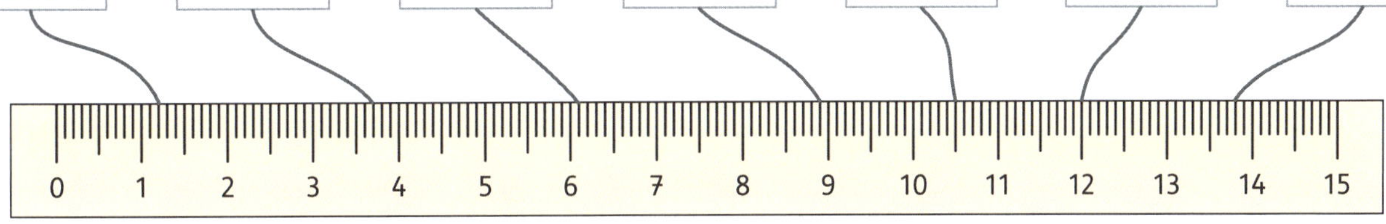

○ **3** Wie lang sind die Streifen? Trage die Längen in die Tabelle ein.

Streifen	Länge
gelb	cm mm
blau	
grün	
rot	

○ **4** Zeichne die Strecken.

50 mm

70 mm

24 mm

96 mm

1 Berechne jeweils das Gewicht.

a)

700 g

b)
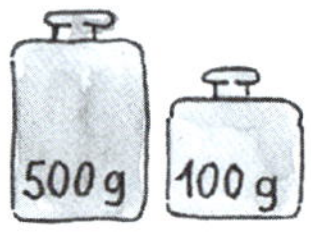

_____ g

c)

_____ g

d)

_____ g

e)

_____ g

f)

_____ g

g)

_____ g

h)

_____ g

i)

_____ g

j)

_____ g

k)

_____ g

l)

_____ g

2 Welche Gewichte aus dem Gewichtssatz musst du jeweils nehmen? Zeichne.

1 Wie schwer könnten die Tiere sein? Verbinde.

a)

500 kg | 30 kg | 100 kg | 4 kg | 8 kg

b)

75 g | 350 g | 20 g | 800 g | 1 000 g

2 Ergänze zu einem Kilogramm.

500 g + ______ g = 1 kg	980 g + ______ g = 1 kg	75 g + ______ g = 1 kg
700 g + ______ g = 1 kg	910 g + ______ g = 1 kg	50 g + ______ g = 1 kg
400 g + ______ g = 1 kg	850 g + ______ g = 1 kg	10 g + ______ g = 1 kg
900 g + ______ g = 1 kg	790 g + ______ g = 1 kg	1 g + ______ g = 1 kg

3 Kann das stimmen? Kreuze an.

	ja	nein
a) Annas kleiner Bruder ist 8 kg schwer.	☐	☐
b) Frau Kunzes Katze wiegt 280 g.	☐	☐
c) Herr Stark kann allein 600 kg hochheben.	☐	☐
d) Max trägt mit einer Hand 2 Tüten mit Salzstangen.	☐	☐
e) 10 Tafeln Schokolade wiegen zusammen 1 kg.	☐	☐
f) Pias neues Fahrrad ist nur 1 kg 995 g schwer.	☐	☐
g) Ein Liter Milch wiegt 100 g.	☐	☐
h) Dein Schulranzen ist 32 kg schwer.	☐	☐

1 Wie spät ist es? Ergänze die Uhrzeiten.

8.10 Uhr	Uhr	Uhr	Uhr	Uhr
20.10 Uhr	Uhr	Uhr	Uhr	Uhr

Uhr	Uhr	Uhr	Uhr
Uhr	Uhr	Uhr	Uhr

2 Zeichne die Zeiger ein.

9.40 Uhr	17.25 Uhr	13.50 Uhr	22.45 Uhr	1.30 Uhr

20.06 Uhr	14.19 Uhr	3.42 Uhr	19.23 Uhr	23.37 Uhr

Zeitspannen

1 Wie lange dauert es? Berechne die Zeitspanne.

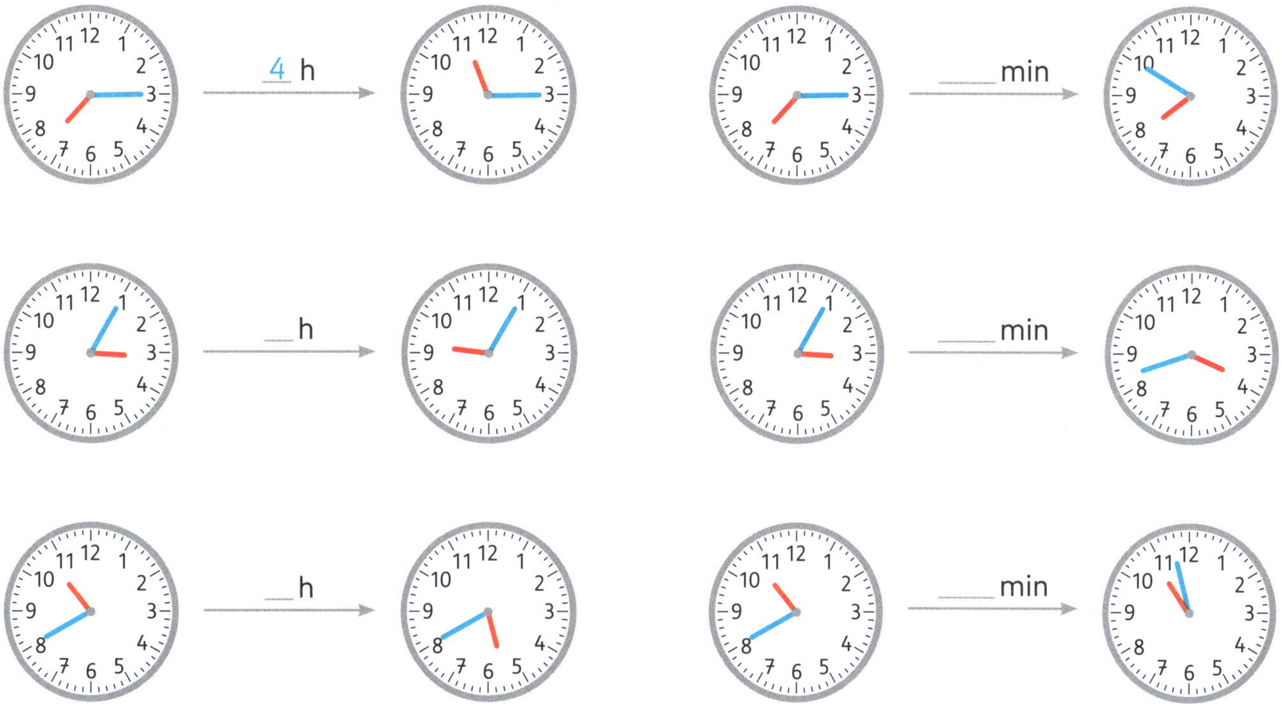

2 Zeichne die fehlenden Zeiger ein.

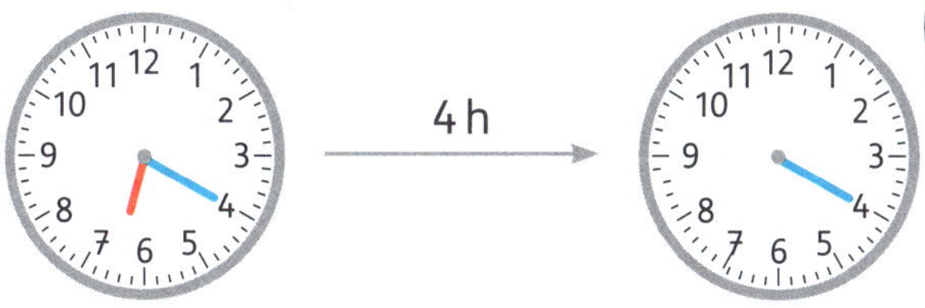

Wie erfolgreich hast du gearbeitet?
Male den passenden Raben aus.